Michel Bonte
Inspecteur de l'Éducation Nationale

Primo Grossi
Professeur de Lycée Professionnel

démotech

Maçonnerie

CAP Maçon

DELAGRAVE

Chez le même éditeur

Mémotech Enveloppe du bâtiment
J.-M. Destrac

Mémotech Bâtiment et construction
J.-M. Destrac, J.-M. Larre

Démotech Peinture et revêtements
C. Bourcey, S. Czernic

Crédit photo couverture : ph © Fotolia.com
Couverture et mise en page : STDI
Dessins : M. Bonte et STDI
Édition : Hélène Girardet

ISBN : 978-2-206-10128-6

Cet ouvrage s'adresse en priorité aux élèves qui commencent leur formation en **maçonnerie** en classe de CAP, mais il sera également utile à ceux qui préparent un diplôme de niveau supérieur, en particulier dans le cadre de la certification intermédiaire.

Le titulaire du CAP maçon exerce son métier en qualité d'ouvrier qualifié dans les entreprises du bâtiment, et principalement dans le domaine du **gros œuvre**.

Ses activités se situent dans l'exécution de travaux neufs et de plus en plus fréquemment dans le cadre d'opérations de rénovation ou de réhabilitation.

Elles consistent principalement en la réalisation :
- d'éléments d'ouvrages, essentiellement porteurs ou de remplissage, à partir de composants industrialisés assemblés par des produits liants tels que les mortiers et les bétons ;
- de revêtements verticaux et horizontaux tels que les enduits d'étanchéité, de façades et les chapes ;
- d'ouvrages en béton armé aux dimensions limitées, principalement en maison individuelle ou petit immeuble collectif.

La nature des travaux implique tantôt un exercice isolé de l'activité qui exige **un bon niveau d'autonomie**, tantôt un travail collectif qui exige **le sens du travail en équipe**.

Dans le contexte de la construction d'une maison neuve, cet ouvrage présente une répartition des activités au plus près de celles réalisées en entreprise. Les **fiches décrivant les différents modes opératoires** donnent les indications nécessaires à la réalisation de ces activités. Elles sont accompagnées de **fiches « technologie associée »** apportant des connaissances succinctes indispensables à la mise en œuvre des différents matériaux.

Les auteurs

Sommaire

Sommaire

Projet : construction d'une maison individuelle

© 2PC Ingénierie

Insertion paysagère

Premier marché du bâtiment en France, le marché de la maison individuelle, c'est aujourd'hui plus de 100 000 mises en chantier chaque année sur le territoire métropolitain.

Ce secteur, par ailleurs, est aujourd'hui très directement soumis aux exigences du nouveau contexte réglementaire et environnemental (impact de la RT 2012, prolifération des certifications et labels, recherche systématique de la performance énergétique...). Il en découle, au niveau des constructeurs, des initiatives marquantes en termes d'options constructives et de méthodes de production, qui modifient en profondeur les schémas classiques de construction.

La construction d'une maison individuelle fait appel à l'ensemble des compétences d'un titulaire d'un CAP maçon. Au fil des pages, les différentes activités mises en œuvre constitueront le support des divers modes opératoires du métier.

Le projet est le suivant : construction d'une maison à usage d'habitation de type 6 sur 2 niveaux.

PROJET

• Le présent projet est la construction d'une villa à usage d'habitation située sur la commune de Neuveville-le-Lac.
• La parcelle est référencée AY n° 856-857 pour une contenance de 1 940 m^2.

LE TERRAIN ET L'ENVIRONNEMENT

• Le terrain est situé en terrain diffus, dans un environnement résidentiel. Le bâti environnant est constitué essentiellement de constructions contemporaines, dont au moins deux villas dans le voisinage immédiat sont réalisées en toiture terrasse.
• Le terrain est plat. Un ancien château d'eau existe au centre de la parcelle, ancienne construction en pierre, non classée, qui sera conservée après rénovation.
• L'accès des véhicules au terrain se fera par la rue Tino Rossi par le biais de la parcelle n° 855 (copropriété entre la présente parcelle et la parcelle n° 854).
• Les réseaux **Eaux usées**, **Eau potable**, **Basse tension** et **Télécom** sont existants. La construction sera raccordée à ces différents réseaux.
• Les eaux pluviales de toiture et de surface seront collectées puis infiltrées dans le sol par l'intermédiaire du puits perdu existant dans le château d'eau.

LA CONSTRUCTION

• Le projet consiste en la construction d'une maison à usage d'habitation de type 6 sur 2 niveaux. La maison s'organise autour d'un rez-de-chaussée en L, surmonté sur une extrémité d'un étage partiel qui reçoit une pièce supplémentaire. L'ensemble de la construction recevra une toiture terrasse. Des brise-soleil et un portique formant casquette viennent animer et souligner les façades.

AMÉNAGEMENTS

• Trois places de stationnement sont prévues, dont deux en garage incorporé à la construction.
• Une terrasse sera aménagée en façade Sud.

MATÉRIAUX ET TEINTES

- Façades :
  - Partie centrale séjour : enduit sur maçonnerie, teinte blanc.
  - Partie chambres et « tour » : enduit sur maçonnerie, teinte beige.
  - Brise-soleil : métallique teinte gris anthracite RAL 7016.
  - Casquette : métallique teinte blanc RAL 9010.
  - Garde-corps terrasse étage : cadre métallique gris anthracite - remplissage vitrage clair.
  - Menuiseries : aluminium teinte gris anthracite (portes de garage et d'entrée blanc cassé).
  - Volets : roulants blancs.
- Toiture : étanchéité sur toiture terrasse, teinte de surface grise.

ESPACES VERTS

• Les murs de clôtures et les clôtures existantes sont maintenus après remise en état.

PLAN DE MASSE

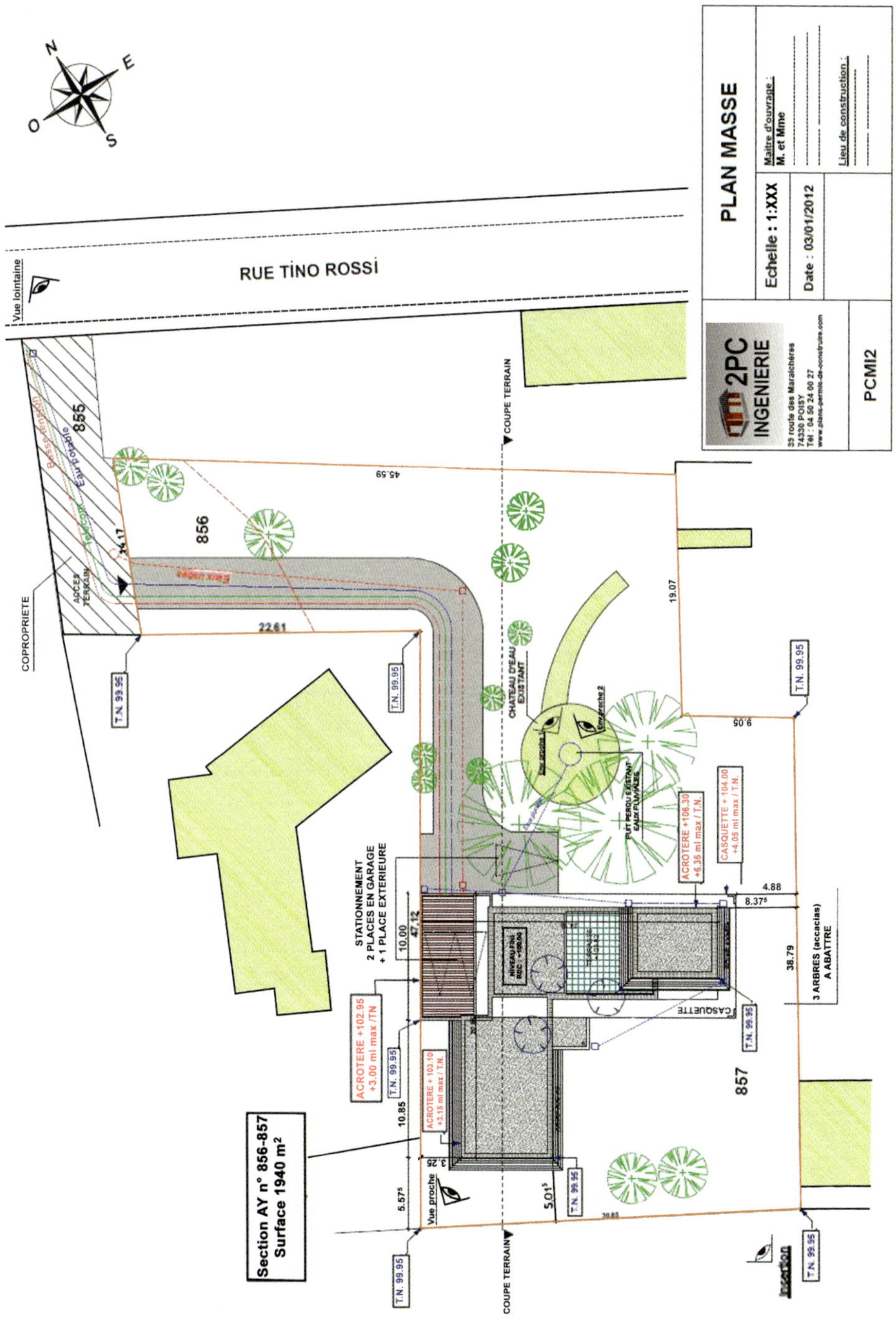

VUES EN COUPE

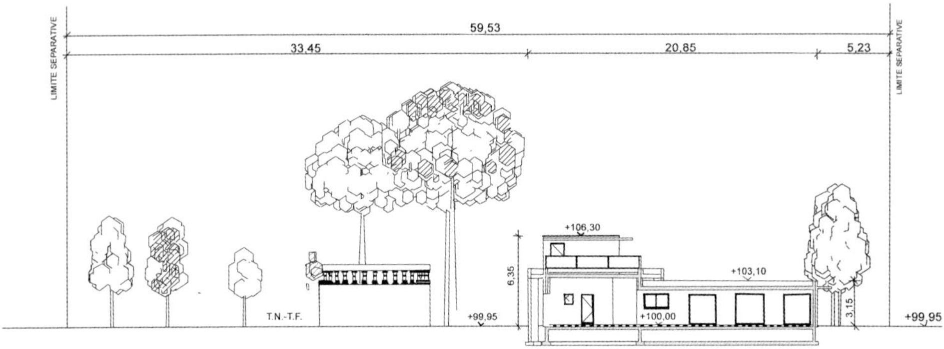

COUPE TERRAIN 1:XXX

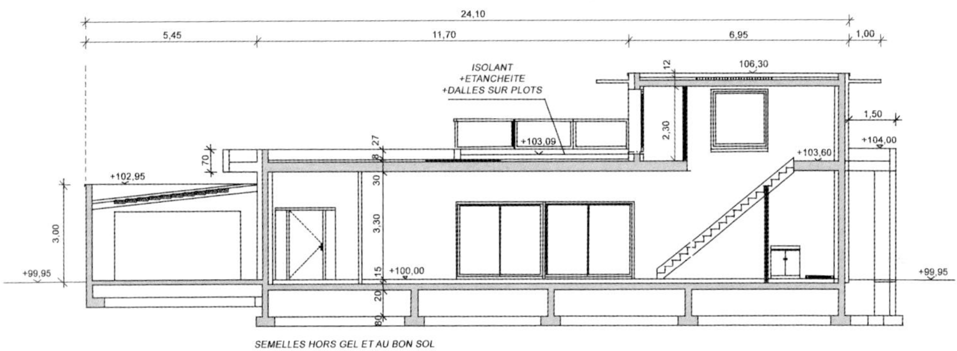

COUPE LONGITUDINALE

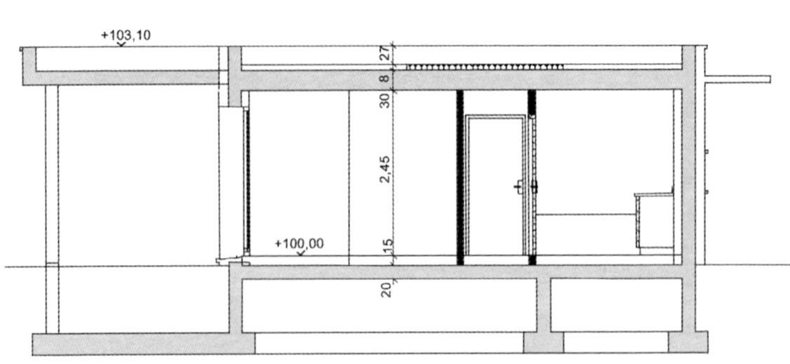

COUPE TRANSVERSALE

Remarque : *plans sans échelle.*

VUES DES FAÇADES

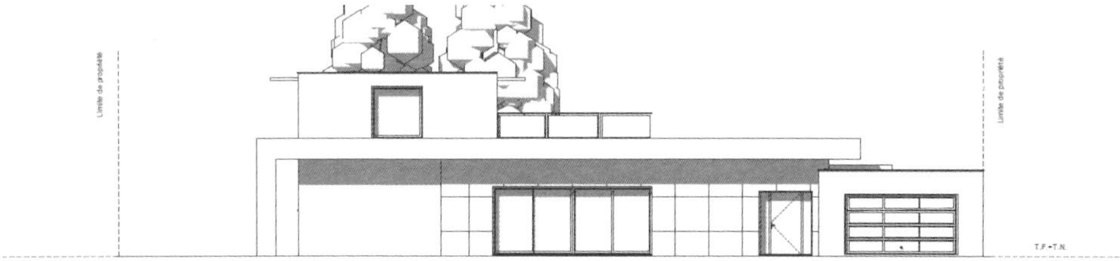

FACADE NORD-EST

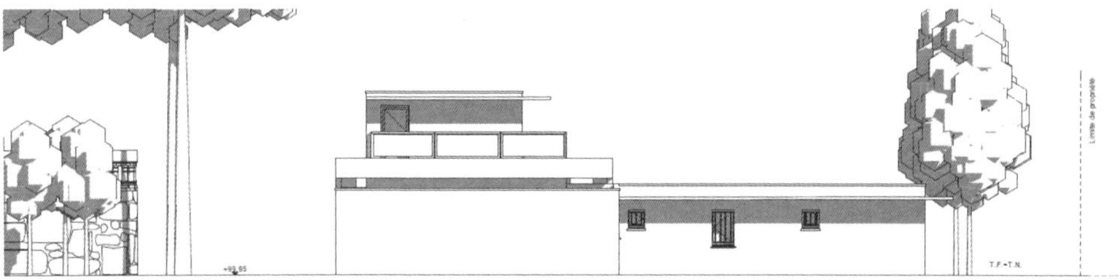

FACADE NORD-OUEST

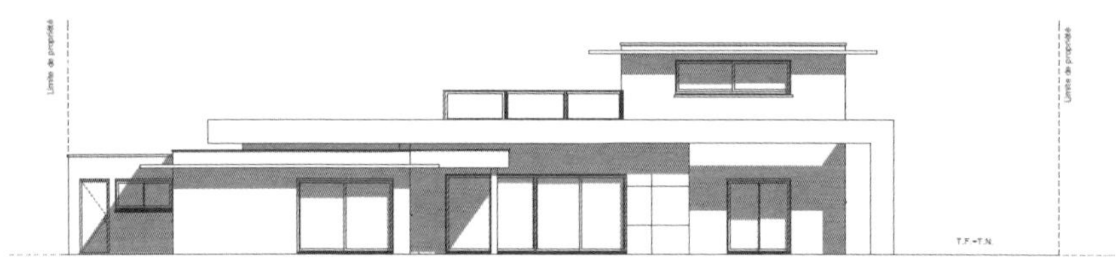

FACADE SUD-OUEST

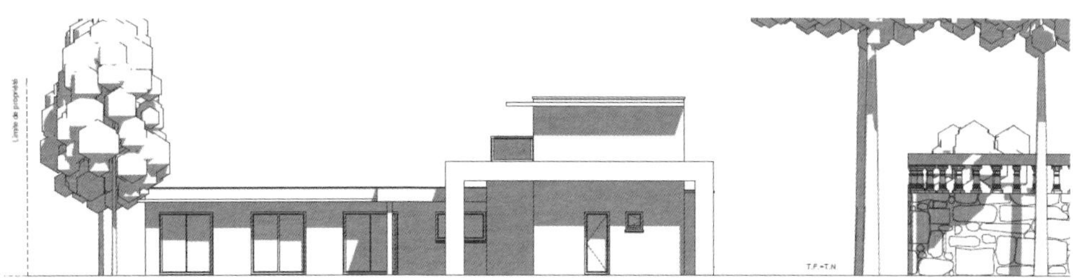

FACADE SUD-EST

***Remarque :** plans sans échelle.*

PLANS DE NIVEAUX

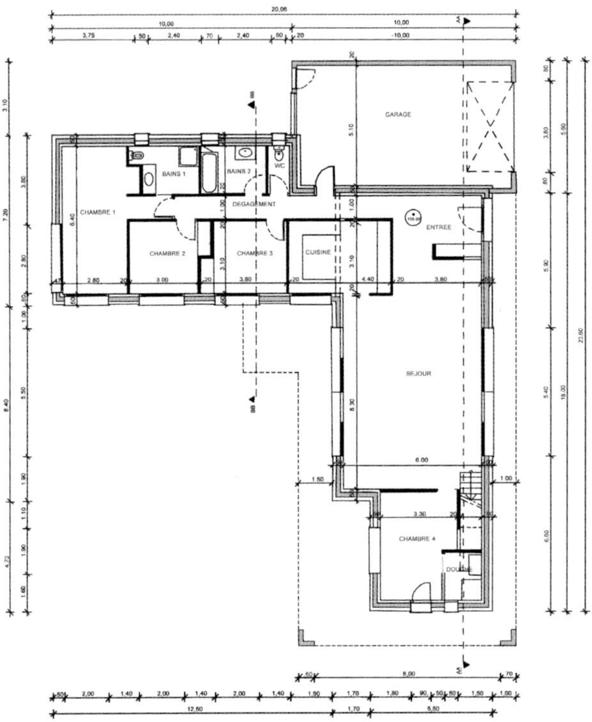

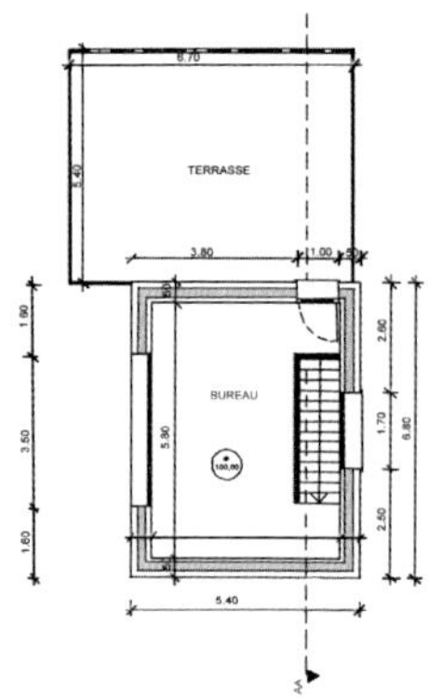

REZ DE CHAUSSEE

ETAGE

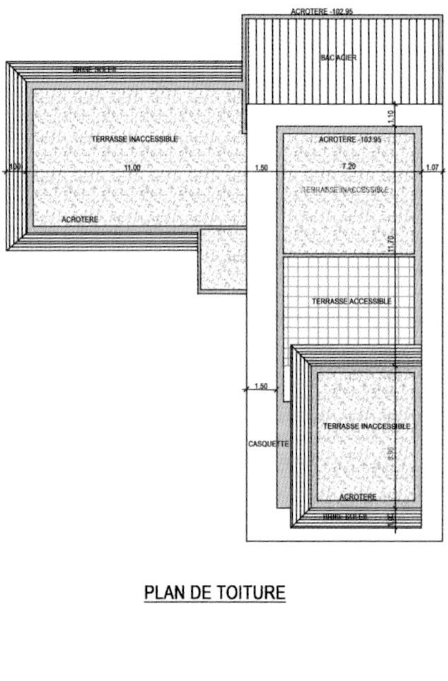

PLAN DE TOITURE

CHAPITRE 1

Organisation du chantier

© Fotolia.com

Chantier

Activité 1 Implanter un ouvrage au sol

L'implantation d'un ouvrage consiste à matérialiser sur le terrain l'ensemble des tracés à partir des informations données par l'architecte :

– **Plan de situation** qui permet de localiser le terrain à bâtir par rapport à des repères fixes existants : rues, terrains cultivés, bornes, etc.

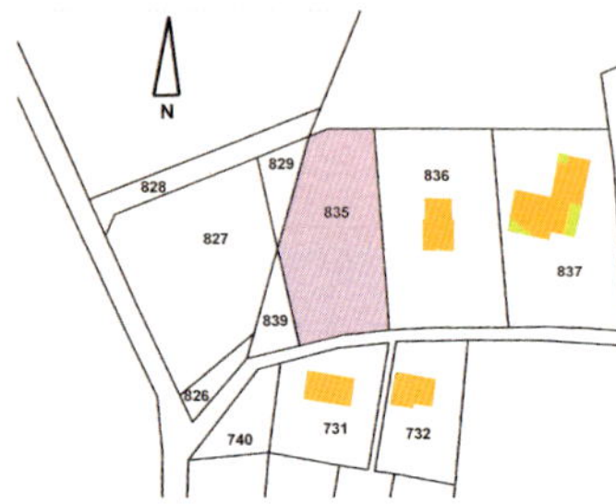

– **Plan de masse** qui permet de localiser la construction par rapport à l'environnement immédiat : limites de propriété, limites du domaine public avec indications des zones non constructibles à respecter (bande *non-aedificandi*).

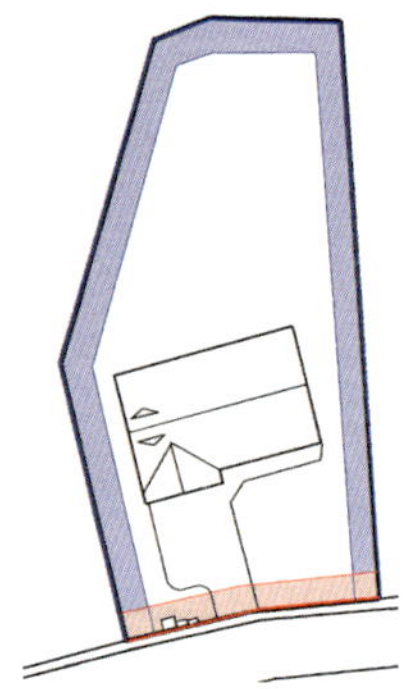

– **Plan d'implantation** qui reprend les données du plan de masse en intégrant les informations topographiques telles que l'allure altimétrique du terrain.

L'implantation va se traduire concrètement par la matérialisation de repères et d'alignements qui permettront de situer la position et les niveaux des différents ouvrages, tant en gros œuvre qu'en second œuvre :
- terrassement à réaliser ;
- délimitation des rigoles et des tranchées ;
- position des organes de fondation ;
- passage des canalisations et des regards ;
- tracé des murs de façade, du pignon, des cloisons intérieures, etc.

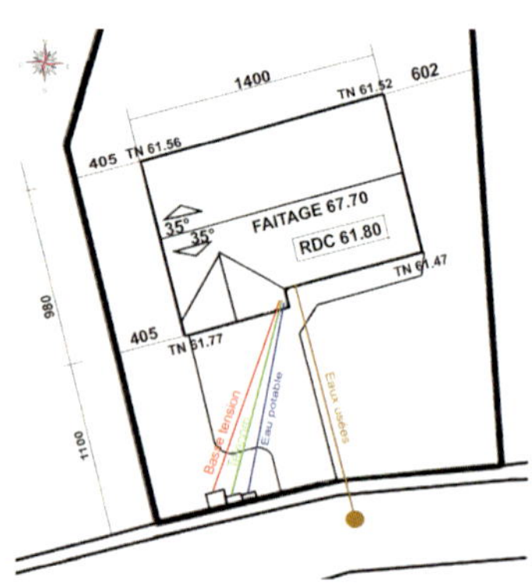

Implanter un ouvrage

Préparation

- **Réunir** les plans nécessaires : plans de situation, masse, fondation, 1er niveau et coupes.
- **Porter** les EPI (Equipements de protection individuelle).
- **Réaliser** sur place le diagnostic et si besoin débroussailler, faucher, etc.
- **Repérer** les références existantes, limites de propriété, bornes d'altitude, bouches d'égout, bordures de trottoir, etc.

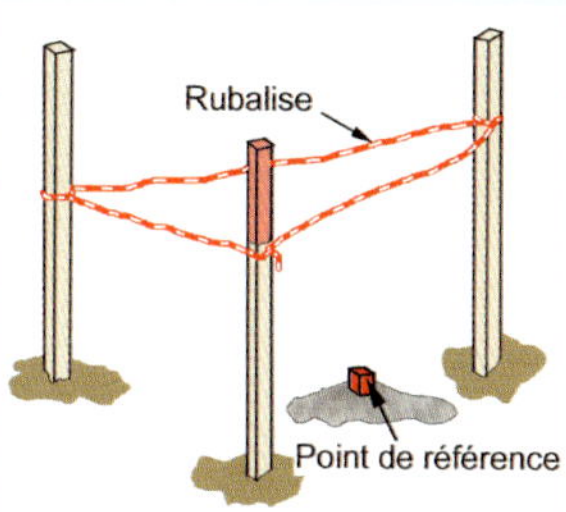

Mise en œuvre

- **Repérer** en fonction des plans le point ou l'alignement de référence, établis par le géomètre.
- **Matérialiser** avec des jalons et un cordeau la directrice (D1) à partir du point de référence.

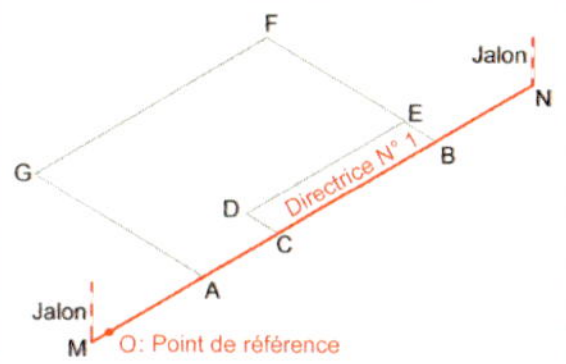

- **Matérialiser** avec des jalons et un cordeau la perpendiculaire (D2) à l'alignement de référence.
  - ➠ **Voir** *fiche technologie associée n° 1 : comment implanter un ouvrage avec une station totale de géomètre ?*

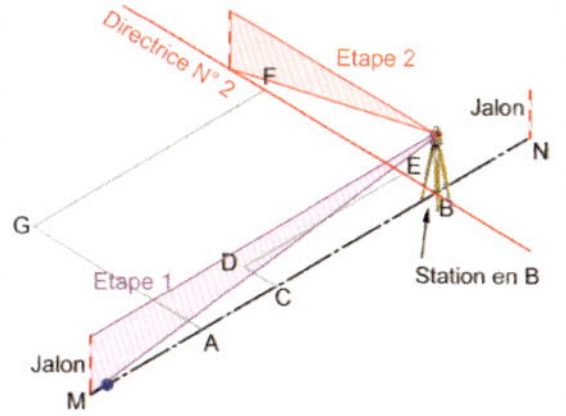

- **Positionner** les chaises d'implantation sur les 3 angles.

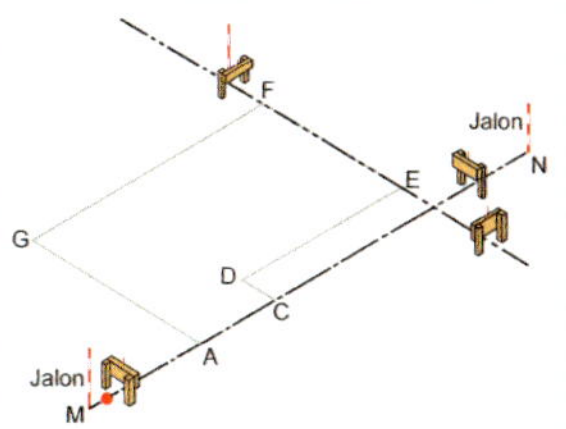

▸ **Tracer** les parallèles aux directrices D1 et D2.

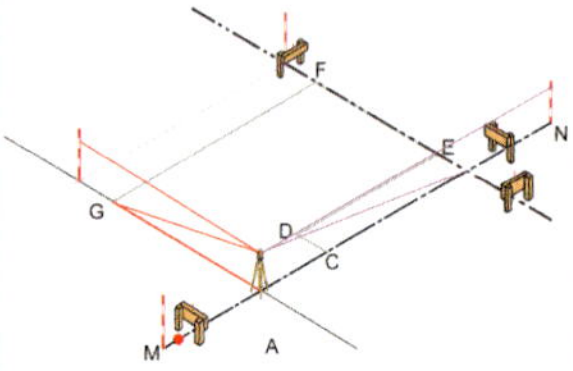

▸ **Positionner** la chaise sur le 4e angle.

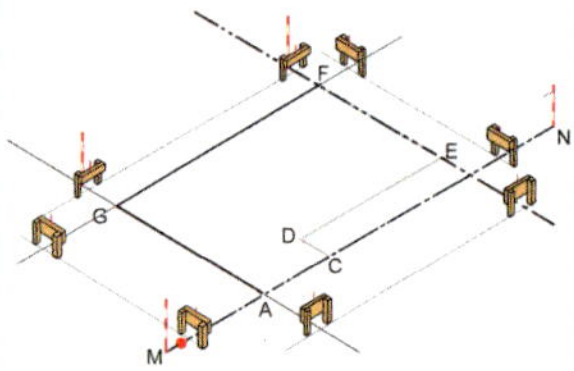

▸ **Contrôler** l'équerrage par la méthode des diagonales et/ou vérifier les retours d'équerre par le calcul (Pythagore) ou la règle du 3-4-5.

➟ **Voir** *fiche technologie associée n° 2 : comment vérifier l'équerrage sur le terrain ?*

▸ **Positionner** les chaises intermédiaires.

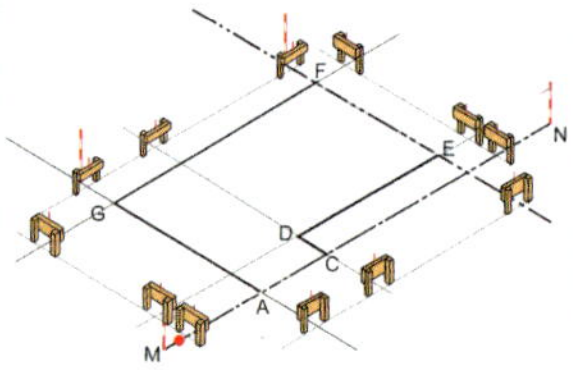

Remarque : *Les chaises sont toujours positionnées à l'extérieur de l'encombrement de la construction.* **Les chaises ne doivent pas être déplacées** *tout au long de la construction.*

FICHE N° 1 : comment implanter un ouvrage avec une station totale de géomètre ?

La station totale de géomètre (théodolite)

Une station totale ou théodolite est un instrument optique, mesurant des angles dans les deux plans horizontaux et verticaux.

Description

ZA : Ligne de visée
SA : Axe vertical
KA : Axe horizontal
V : Angle vertical
VK : Cercle vertical
Hz : Angle horizontal
HK : Cercle horizontal
Hz0 : Lecture à 0° du cercle horizontal

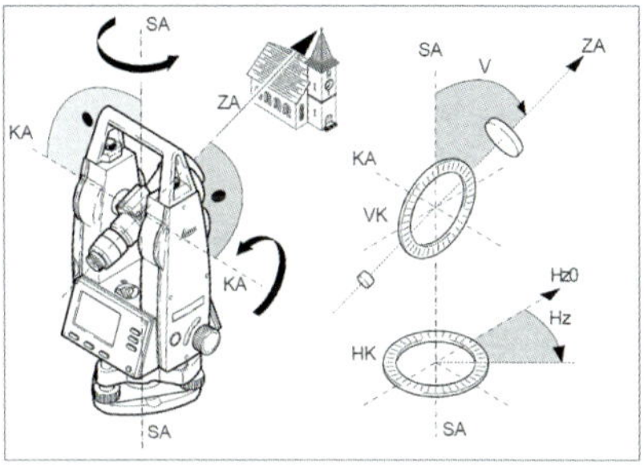

© Leica Geosystems

Positionnement de la station sur un point

Un repère est positionné sur le point de référence.

La station, posée sur un trépied, est alignée sur ce repère à l'aide d'un rayon laser.

L'ensemble est enfoncé dans le sol pour assurer sa stabilité et son immobilité pendant la mesure.

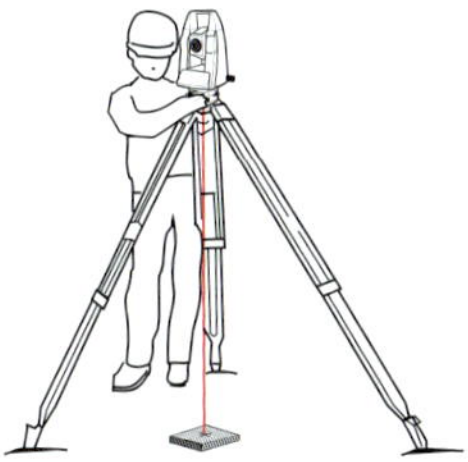

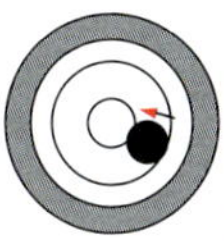

© Leica Geosystems

Détermination d'un angle

- Mettre la station sur le point de référence (A) et la caler à l'horizontale.
- Viser le point B et régler l'angle Hz sur « 0 ».
- Tourner l'appareil sur le plan horizontal de l'angle recherché (α) et viser dans la nouvelle direction pour indiquer la position du jalon à implanter.

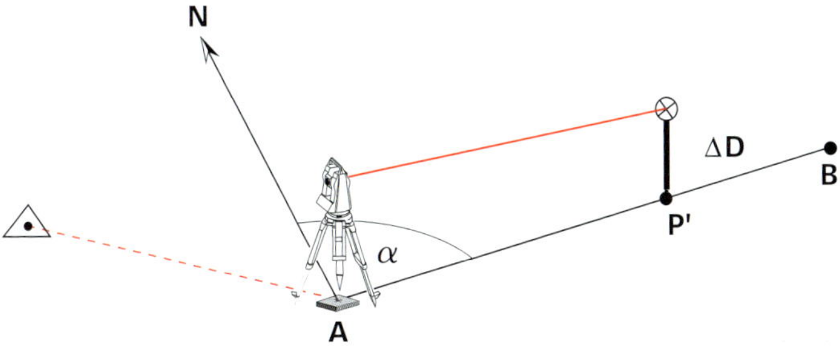

© Leica Geosystems

FICHE N° 2 : comment vérifier l'équerrage sur le terrain ?

Méthode des diagonales

Le principe s'appuie sur une règle de géométrie simple : dans un rectangle, les diagonales sont égales.
Pour vérifier la bonne implantation du rectangle ABFG, il suffit de mesurer les diagonales AF et BG.

Si les diagonales ne sont pas égales, les directrices ne sont pas perpendiculaires et le tracé de l'implantation est incorrect.

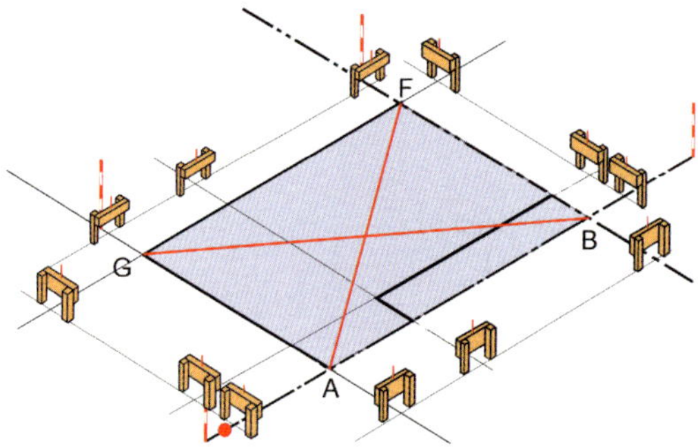

Méthode des 3-4-5

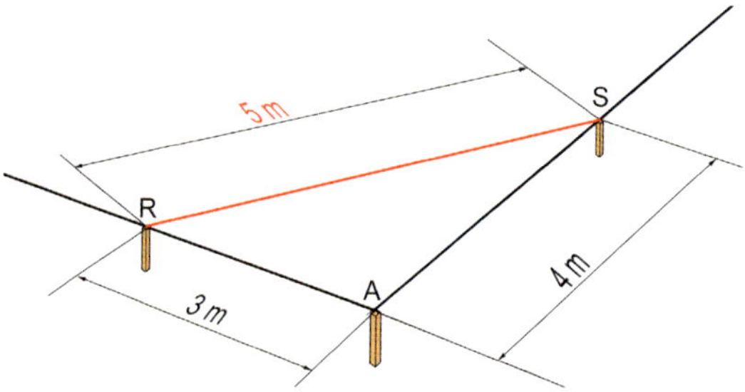

Cette méthode s'appuie sur une autre règle géométrique, le théorème de Pythagore : le carré de l'hypoténuse d'un triangle rectangle est égal à la somme des carrés des autres côtés.
Lorsque les côtés adjacents à l'angle droit ont pour valeurs respectives 3 et 4, l'hypoténuse a pour valeur 5 :

$$(3)^2 + (4)^2 = 9 + 12 = 25 \qquad \textbf{25 est le carré de 5}$$

Cette règle est valable si l'on multiplie ces chiffres par un même nombre :
Exemple : 6 ; 8 et 10 ou 9 ; 12 et 15.

Méthode : Planter un piquet avec un clou pour matérialiser le point A, sur un côté de l'angle droit un piquet avec un clou à 4 mètres (point S) et sur l'autre un piquet avec clou à 3 mètres (point R).

La mesure entre les deux points R et S doit être de 5 mètres.

Activité 2 Tracer un trait de niveau

Le trait de niveau est une ligne horizontale qui sert de référence d'altitude.

Il est tracé par le maçon dès que la maçonnerie en élévation le permet.

Le trait de niveau est primordial pour déterminer les hauteurs de baies, sous-face de poutre, sous-face de dalle, hauteur de chape, etc.

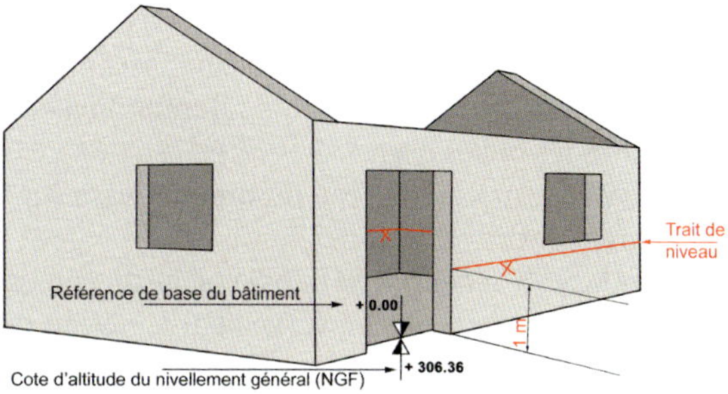

Par convention il est généralement tracé à + 1,00 m du sol fini, auprès de la porte d'entrée. Pour des raisons de facilité de mise en œuvre et par convention, le niveau du sol fini est généralement désigné à ± 0,000 m.

MODE OPÉRATOIRE

Tracer un trait de niveau

Niveau et règle

- **Placer** une extrémité de la règle sur le trait de référence.
- **Mettre** la règle (niveau à bulle) à l'horizontale.
- **Tracer** un repère sur le mur perpendiculaire.

Remarque : *Cette méthode demande beaucoup d'attention et d'application.*

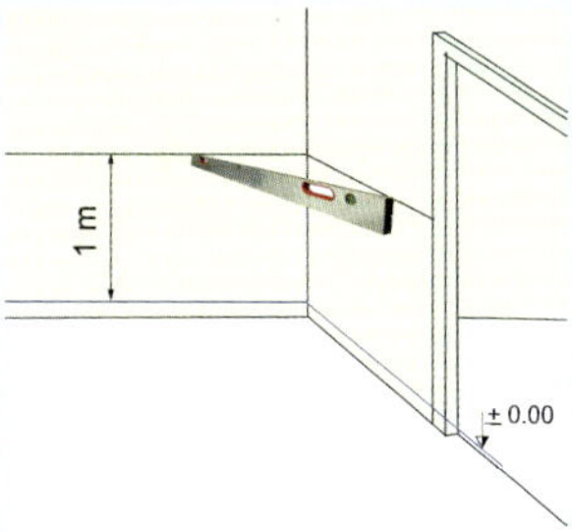

Matériel
- Règle et niveau à bulle
- Mètre, crayon, cordeau traceur

Consommables
- Poudre pour cordeau traceur

EPI
- Vêtement de travail
- Casque de protection
- Gants
- Chaussures de sécurité

Niveau à eau

- **Remplir** le niveau à eau en veillant à maintenir les deux vases verticaux et à la même hauteur. Veiller à chasser toutes les bulles d'air.
- **Aligner** le niveau de l'eau du premier vase sur le repère de référence.
- **Déplacer** le second vase dans la pièce où vous devez tracer le trait de niveau en surveillant le niveau du second vase et en le maintenant vertical.
- **Tracer** un repère à partir du niveau de l'eau.

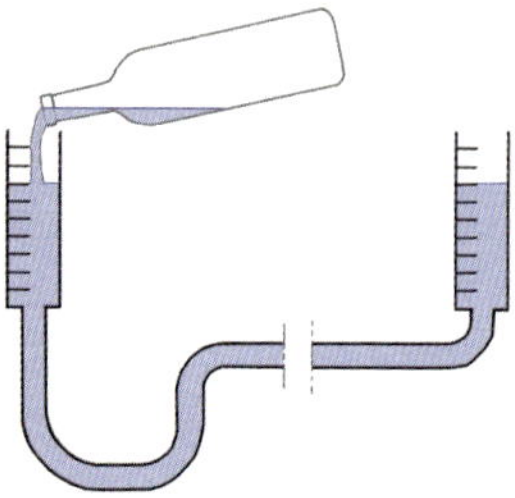

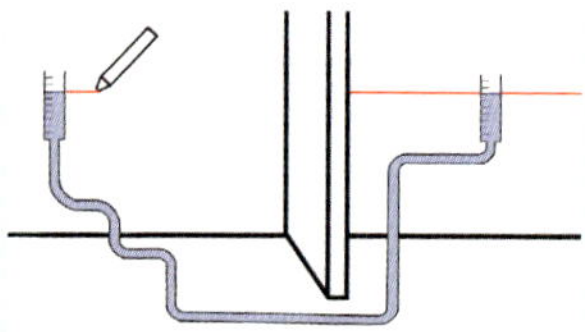

Niveau de chantier (niveau optique)

- **Positionner** le niveau optique sur un support plan et stable au centre de la pièce à une hauteur proche de celle préconisée pour le trait de niveau.
- **Lire** impérativement son mode d'emploi avant de mettre l'appareil en marche et bien respecter les consignes.
- **Centrer** la bulle dans la nivelle en tournant les vis de calage.
- **Mettre au point** la lunette en la dirigeant vers un arrière-plan clair (mur en béton par exemple), puis tourner l'oculaire jusqu'à ce que le réticule soit net.
- **Diriger** ensuite la lunette vers la mire et tourner le bouton de mise au point jusqu'à ce que l'image de la mire devienne nette.
- **Bloquer** la lunette en position verticale.
- **Tracer** un premier trait de niveau.
- **Faire pivoter** la lunette autour de son axe vertical.
- **Tracer** les autres traits de niveau.

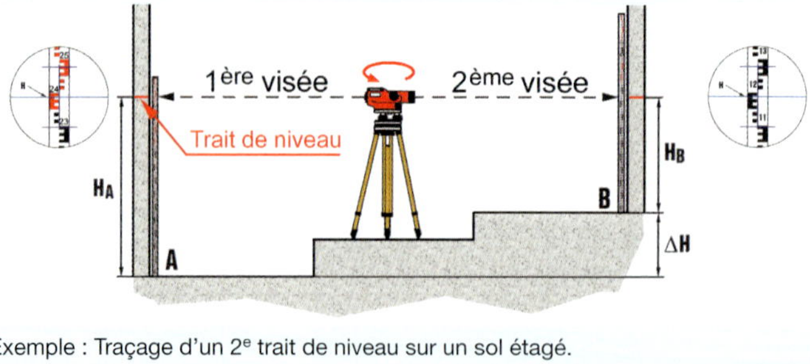

Exemple : Traçage d'un 2e trait de niveau sur un sol étagé.

© Hilti

Niveau laser

- **Positionner** le niveau laser sur un support plan et stable au centre de la pièce à une hauteur proche de celle préconisée pour le trait de niveau.
- **Installer** l'appareil sur un support plan et stable (pour éviter toutes vibrations !).
- **Délimiter** le périmètre de mesures. Lors de l'installation de l'appareil, **veiller à ne pas diriger le faisceau contre soi-même ni contre de tierces personnes**.
- **Lire** impérativement son mode d'emploi avant de mettre l'appareil en marche et bien respecter les consignes.
- **Mettre** l'appareil de niveau. Les appareils professionnels disposent d'une mise à niveau automatique, grâce à laquelle une seule personne est capable de faire une mise à niveau et d'aligner rapidement et avec précision.
- **Mettre en marche** l'appareil.
- **Marquer** au cordeau traceur les différentes lignes.

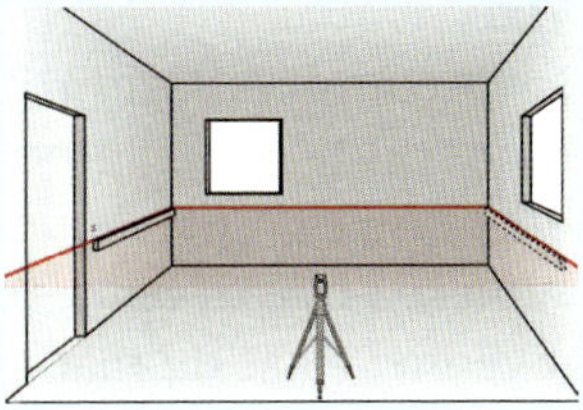
© Hilti

Remarque : *Tous les travaux d'implantation se réalisent* ***en équipe****. La bonne connaissance du matériel, la coordination et la complémentarité permettent une réalisation de qualité.*

Attention :

Il est impératif de lire toutes les consignes de sécurité et instructions. Le non-respect des consignes de sécurité et instructions indiquées peut entraîner un choc électrique, un incendie et/ou de graves blessures sur les personnes.

Les consignes de sécurité et instructions doivent toujours être à disposition des utilisateurs.

Bien respecter les consignes concernant l'utilisation, le nettoyage et l'entretien de l'appareil qui figurent dans le mode d'emploi.

Matériel

- Règle niveau à bulle ou niveau à eau ou niveau de chantier ou niveau laser
- Mètre, crayon, cordeau traceur.

Consommables

- Poudre pour cordeau traceur

EPI

- Vêtement de travail
- Casque de protection
- Gants
- Chaussures de sécurité

Activité 3 Réceptionner, monter, utiliser et démonter un échafaudage de pied

© Layher

La mise en œuvre, montage-démontage et utilisation d'un échafaudage de pied, même à titre exceptionnel, sont soumis à réglementation : **Décret N° 2004-924 du 1er septembre 2004.**

La recommandation R408 de la CARSAT (annexes 3, 4 et 5) a pour objet de favoriser une mise en œuvre efficace des mesures législatives ou réglementaires en vigueur.

Annexe 3 : La personne responsable du montage d'échafaudage doit être capable de :

- vérifier l'état du matériel ;
- maîtriser les opérations de montage et de démontage en **sécurité** des différents types d'échafaudages de pied ;
- élinguer et treuiller les charges à partir de l'échafaudage ;
- communiquer, rendre compte et prendre les mesures pour remédier à des situations dangereuses ;
- apprécier la qualité et la résistance des ancrages et amarrages de l'échafaudage ;
- vérifier la conformité du montage par rapport au plan d'installation et/ou aux dispositions prévues par le constructeur.

Annexe 4 : La personne réceptionnant et assurant la maintenance de l'échafaudage doit être capable de :

- citer les critères de sélection des différents types d'échafaudage ;
- réceptionner l'échafaudage avant utilisation ;
- assurer la maintenance de l'échafaudage.

Annexe 5 : Chaque opérateur travaillant sur échafaudage doit être capable de suivre les règles suivantes :

- accéder et circuler en sécurité sur l'échafaudage : utiliser les tours d'accès, les escaliers, les échelles et trappes pour accéder, changer de niveau et refermer les trappes après utilisation ;
- respecter les limites de charges en cas de stockage de matériaux ;
- maintenir l'échafaudage en sécurité : prendre des mesures de sécurité compensatoires lorsque les mesures de protection collectives ont été déposées et veiller à remettre en place aussitôt que possible les mesures de protection collectives qui ont été déplacées ;
- tenir compte de la co-activité sur les chantiers : veiller à ne pas créer de risques pour les travailleurs avoisinants (chutes d'objets, effondrement de charges) ;
- signaler les situations dangereuses.

➠ Voir *fiche technologie associée n° 3 : comment reconnaître les éléments d'un échafaudage de pied ?*

MODE OPÉRATOIRE

Monter un échafaudage

1er cas : avec garde-corps de sécurité définitif intégré, à privilégier en priorité (art. 5.3 R408)

- **Procéder** à l'implantation.
- **Clouer** les socles.

- **Mettre en place** les garde-corps définitifs (façade et retour) du 1er étage.
  Le contreventement évite le déversement.

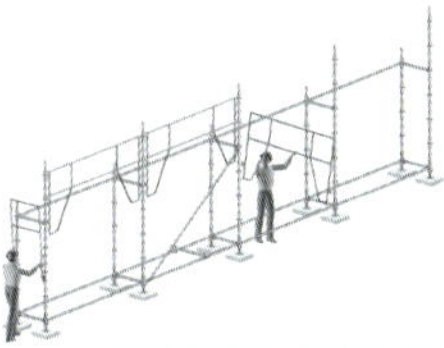

- **Mettre en place** les planchers du 1er étage.

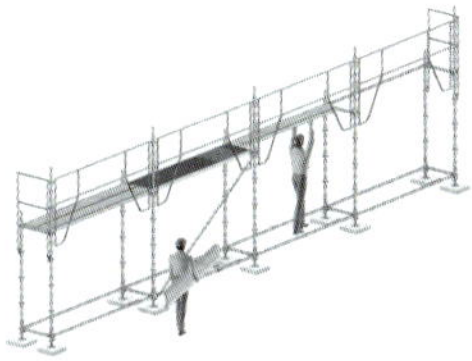

- **Accéder** au 1er étage.
- **Mettre en place** les montants et les plinthes.

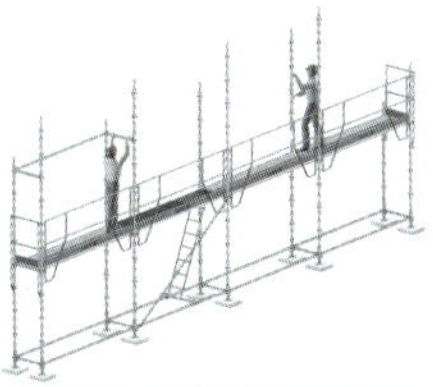

- **Amarrer** l'échafaudage.
- **Mettre en place** le pare-gravois si nécessaire.
- **Mettre en place** le garde-corps de sécurité du 2e étage.

- **Mettre en place** les planchers du 2e étage à partir du premier étage.
- **Continuer** le montage de l'étage 2 avec les cadres et les plinthes.
- **Ajouter** une 3e lisse dans les travées d'accès.
- **Poursuivre** ainsi jusqu'à ce que l'échafaudage soit terminé.

2e cas : avec garde-corps de montage provisoire

- **Monter** les premiers éléments du premier niveau.

- **Mettre en place** le garde-corps de montage.

- **Mettre en place** le plancher : l'étage est terminé.

- **Mettre en place** les montants.

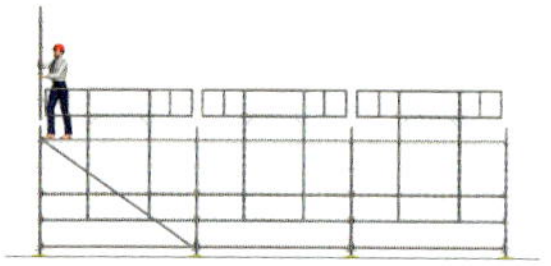

- **Mettre en place** les moises en définitif.

- **Mettre en place** les plinthes.
- **Poursuivre** le montage selon cette procédure.

> ***Remarque :*** *À tout moment de l'installation, le monteur est protégé par un garde-corps.*

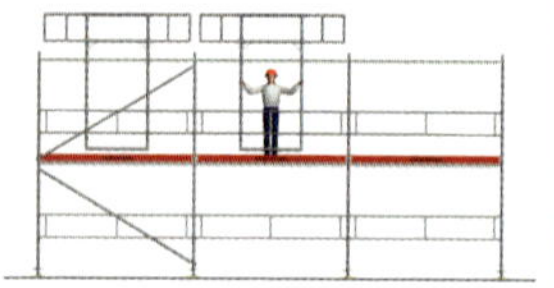

Mise en place des éléments

- **Poser** des socles réglables sur cales madriers.
- **Mettre en place** l'embase sur le socle.

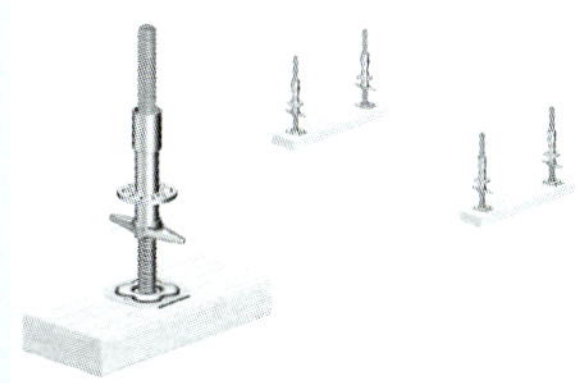

- **Réaliser la liaison** des embases entre elles pour constituer la base de l'échafaudage : les têtes à clavette se bloquent dans les fentes étroites, à angle droit, réalisant ainsi l'équerrage. La mise à niveau se fait par le réglage des socles.

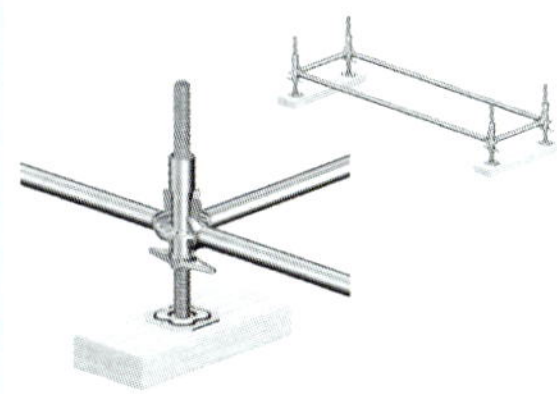

- **Poser** des poteaux sur l'embase. Les poteaux tiennent alors seuls.
- **Placer** les diagonales pour assure la rigidité de l'ossature.

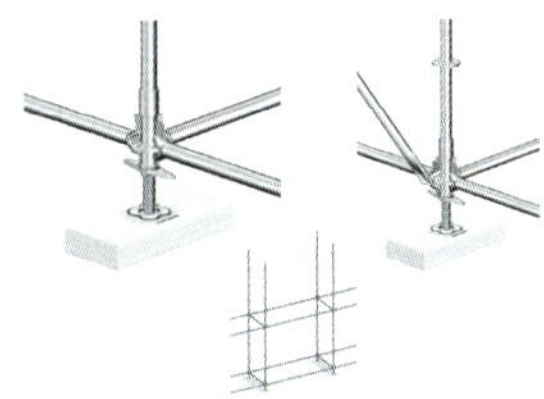

© Layher

Attention

- L'utilisateur ne doit jamais modifier l'échafaudage même partiellement

- Ne pas démonter les amarrages

- Ne pas utiliser l'échafaudage pour une destination autre que celle qui était prévue

- Prendre garde à l'accumulation de surcharges sur plusieurs planchers

- Accrocher des panneaux à chaque niveau de travail précisant les surcharges admissibles

- Ne pas accrocher un treuil sans avoir consulté le service technique au préalable.

Matériel

- Échafaudage et ses accessoires
- Bâches

EPI

- Vêtement de travail
- Casque avec jugulaire
- Lunettes anti-projections
- Gants et chaussures de sécurité
- Protection individuelle contre les chutes de hauteur (par exemple : harnais à amarrage dorsal).

FICHE N° 3 : comment reconnaître les éléments d'un échafaudage de pied ?

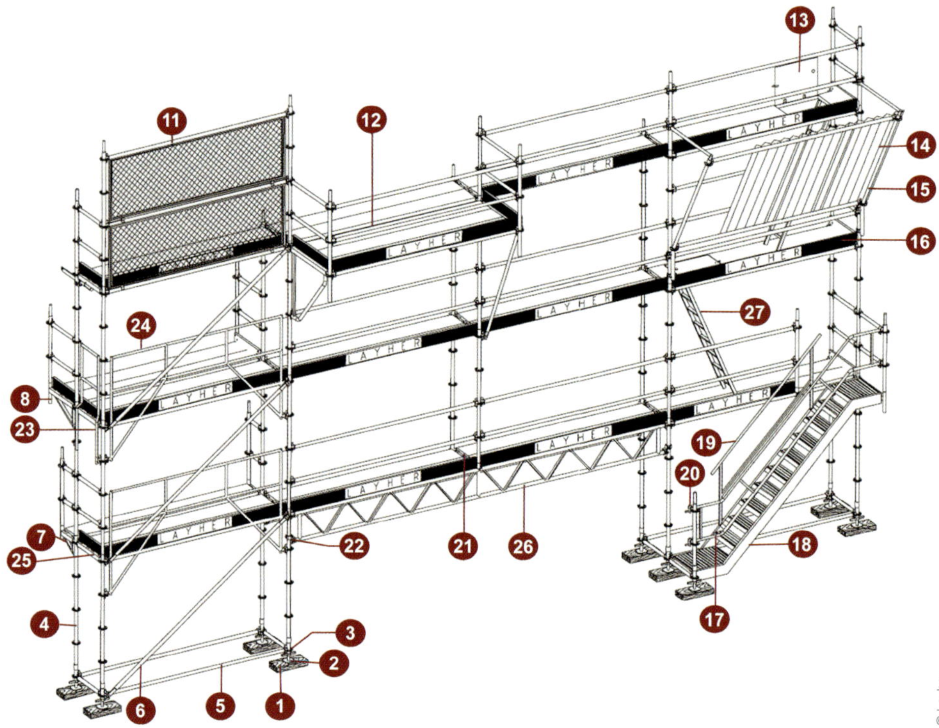

1. Madrier
2. Socle réglable
3. Embase
4. Montant
5. Moise
6. Diagonale
7. Console de 0,39 m
8. Console de 0,73 m
9. Console de 1,09 m
10. Ancrage
11. Protection grillagée
12. Plancher acier galvanisé
13. Plancher à trappe Combi
14. Tôle ondulée galvanisée
15. Pare-gravois
16. Plinthe
17. Garde-corps de volée
18. Volée d'escaliers aluminium
19. Garde-corps intérieur
20. Support garde-corps
21. Support-plancher pour poutre
22. Collier de liaison de poutre
23. Garde-corps d'extrémité
24. Garde-corps de sécurité définitif
25. Support-plancher + joint de sécurité
26. Poutre de franchissement
27. Échelle incorporée ou indépendante

Activité 4 Mettre en œuvre une démarche de développement durable dans l'organisation du chantier

La charte de l'environnement se traduit par trois contraintes principales pour les entreprises du bâtiment :
- la gestion des déchets ;
- les nuisances sonores et environnementales ;
- les pollutions.

Le secteur du bâtiment représente environ 15 % de la production de déchets du BTP, soit 50 millions de tonnes par an (à titre de comparaison, chaque année, environ 30 millions de tonnes de déchets ménagers sont produits). 65 % proviennent de la démolition, 28 % de la réhabilitation et 7 % de la construction neuve.

➠ **Voir** *fiche technologie associée n° 4 : comment reconnaître les différentes catégories de déchets ?*

L'objectif fixé par la Commission européenne et repris par la France est d'atteindre 70 % de valorisation de matière des déchets inertes non dangereux du BTP d'ici 2020.

MODE OPÉRATOIRE

Trier les déchets sur chantier

- **Prévoir,** sur le chantier, les différents lieux de stockage selon la catégorie des déchets afin de pouvoir procéder au tri et à leur enlèvement.
- **Surveiller et éliminer** les dépôts parasites.
- **Ramasser** au fur et à mesure les déchets.
- **Trier** les emballages (palettes, cartons, films, fûts vides et propres...) en vue de leur valorisation.
- **Trier et classer** tous les déchets selon leur catégorie.
- **Signaler** les déchets dangereux afin de respecter les obligations de traçabilité et établir le bordereau de suivi.

➠ **Voir** *fiche technologie associée n° 5 : quels sont les lieux pouvant accueillir les déchets de chantier ?*

Matériel
- Matériel de manutention
- Bennes et containers

EPI
- Vêtement de travail
- Gants et chaussures de sécurité

Attention

– Le brûlage à l'air libre est interdit (sauf autorisation spécifique).

– Tout enfouissement sur le chantier est interdit ainsi que toute mise en dépôt sauvage.

FICHE N° 4 : comment reconnaître les différentes catégories de déchets ?

Les différentes catégories de déchets

- **Les déchets inertes** sont des déchets qui, pendant leur stockage, ne subissent aucune modification physique, chimique ou biologique. Ils constituent 72 % des déchets du bâtiment.
  Exemples : pierres naturelles, terre et matériaux de terrassement, céramique, matériaux de démolition inertes (bétons, tuiles, briques, parpaings...), verre plat, etc.

- **Les déchets non dangereux non inertes** sont des déchets qui ne présentent aucun caractère de dangerosité. Encore appelés déchets banals, ils représentent 26 % des déchets du bâtiment.
  Exemples : emballages, bois, plastiques, métaux, quincaillerie, serrurerie, isolants, plâtre, produits mélangés issus de chantiers de réhabilitation, etc.

- **Les déchets dangereux** sont des déchets qui représentent un risque pour la santé ou l'environnement et qui nécessitent un traitement adapté. Ils constituent 2 % des déchets du bâtiment.
  Exemple : peintures et solvants, bois traités, amiante friable, hydrocarbures, etc.

Les bordereaux de suivi d'élimination des déchets

Certains déchets doivent faire l'objet du renseignement d'un bordereau de suivi lors de leur élimination :

- **les déchets dangereux ;**
- **les déchets d'amiante ;**
- **les déchets d'emballages.**

FICHE N° 5 : quels sont les lieux pouvant accueillir les déchets de chantier ?

1. Collecte des déchets de chantier

Les déchets de chantier peuvent être dirigés vers :

- les **déchetteries publiques** ouvertes pour la collecte des déchets de bâtiment en petite quantité ;
- les **déchetteries professionnelles privées et les plateformes de regroupement :** ces installations relais permettent de regrouper les déchets en quantité suffisante pour ensuite les diriger vers les filières de valorisation.

2. Stockages spécifiques aux déchets inertes du BTP

- **installations de recyclage des granulats** situées près des zones de production importante (près des grandes agglomérations) ;
- **installations de stockage des déchets inertes (ISDI)** ;
- **remblais de carrière**.

3. Réglementation particulière relative aux emballages

Les entreprises du bâtiment doivent :

- trier les emballages par voie d'élimination (incinérables, plastiques, bois, etc.) ;
- puis soit les valoriser elles-mêmes, soit les céder à un éliminateur.

© Fotolia.com

4. Stockage des déchets non recyclables

- installation de stockage de déchets dangereux ou **ISDD** (anciennement classe 1) ;
- installation de stockage de déchets non dangereux ou **ISDND** (anciennement classe 2) ;
- installation de stockage de déchets inertes ou **ISDI** (anciennement classe 3).

Depuis juillet 2002, seuls les déchets qui ne peuvent plus être valorisés peuvent être déposés dans les installations de stockage.

5. Stockage des déchets sur chantier

Les déchets peuvent être stockés temporairement sur le chantier dans des emplacements déterminés et dans des contenants adaptés : bennes, conteneurs étanches pour fluides et produits dangereux, etc.

MODE OPÉRATOIRE

Repérer et éliminer les nuisances sur chantier

Les nuisances sonores

- **Mesurer** le niveau de nuisance sonore sur le chantier.
- **Identifier** les sources.
- **Se protéger** contre ces nuisances.
- **Respecter** les plages horaires fixées par la législation.
- **Grouper** les opérations bruyantes.
- **Installer** des écrans anti-bruit.
- **Régler** ou réparer les appareils défectueux.

© Stock-photos

© Fotolia.com

Les nuisances dues à la poussière

- **Porter** des masques anti-poussière.
- **Utiliser** des aspirateurs ou récupérateurs de poussières.
- **Tronçonner** les matériaux avec des dispositifs à projection d'eau.

Les nuisances dues aux dégradations de l'environnement

- **Nettoyer** les sols après chaque opération salissante.
- **Laver** les engins de chantier avant leur sortie sur la voie publique.
- **Protéger** les sols environnants le chantier.

➟ **Voir** *fiche technologie associée n° 6 : comment conduire un chantier propre ?*

© Stock-photos

MODE OPÉRATOIRE

Protéger contre les pollutions

Pollution de l'air

- **Porter** un masque anti-poussière.
- **Ne pas brûler** en plein air des matériaux, en particulier ceux dégageant des fumées toxiques.
- **Effectuer** un réglage correct des machines équipées d'un moteur thermique.
- **S'assurer** de la bonne ventilation des locaux.
- **Procéder** à l'aspiration et au filtrage des vapeurs dégagées par les substances malodorantes.

© Stock-photos

Vapeurs toxiques

Pollution des sols

- **Mettre en place** des bâches étanches de protection.
- **Utiliser** des bacs de rétention et/ou de décantation.
- **Stocker** les déchets dans des récipients étanches et **procéder** à leur évacuation rapide vers un centre spécialisé de traitement.

➟ **Voir** *fiche technologie associée n° 5 : quels sont les lieux pouvant accueillir les déchets de chantier ?*

© Stock-photos

Liquide dangereux répandu

Pollution de l'eau

- **Identifier** les produits toxiques à partir des notices et des étiquettes.
- **Récupérer** les eaux usées et polluées par les travaux afin de les diriger vers le réseau d'épuration.
- **Ne pas déverser** de produits toxiques dans les réseaux d'évacuation domestiques.
- **Ne pas déposer** les produits toxiques à même le sol.

➟ **Voir** *fiche technologie associée n° 7 : que signifient les pictogrammes des étiquettes des produits dangereux ?*

FICHE N° 6 : comment obtenir un chantier propre ?

On peut distinguer trois objectifs principaux à poursuivre pour réaliser un chantier respectueux de l'environnement :

- La réduction des nuisances causées aux riverains et au personnel.
- La prévention des pollutions du sol, de l'eau et de l'air.
- La bonne gestion des déchets, de leur tri et leur valorisation.

Premier objectif : la réduction des nuisances

Le bruit et les risques pour la santé

En raison de la nature des travaux à réaliser et des engins mécaniques mobilisés, le bruit est une nuisance difficilement contournable du chantier de construction. Dans le cadre du chantier propre, un niveau acoustique maximum est fixé en limite de chantier.
Les horaires d'émissions de bruit indiqués dans le cadre de l'information faite aux riverains doivent également être respectés.

La saleté

Des dispositions doivent être prises afin de limiter autant que possible la production de poussière, de boue ou encore d'odeurs.
Un dispositif de nettoyage de roues des camions peut être installé.
Les émissions de poussières sont surtout concentrées au moment du gros œuvre et du maniement du ciment. Suite à ces opérations, les voies de circulation seront humidifiées afin de maintenir la poussière au sol.

La circulation des engins

Les responsables du chantier doivent évaluer, avec les services voirie de la collectivité concernée, la pertinence de mesures exceptionnelles telles que la modification des règles locales de circulations, la réservation de zones de parking, l'interdiction de stationner aux abords du chantier, etc.

Deuxième objectif : la prévention contre les pollutions

En cas de risque de rejet de substances dangereuses, des zones de stockage adaptées aux diverses pollutions doivent être prévues, faisant l'objet d'une signalétique spécifique, ainsi que des dispositions permettant une isolation du sol et une récupération des éventuels rejets. Une procédure traitant des pollutions accidentelles est par ailleurs établie. En cas de pollution non maîtrisée et non traitée, les autorités locales devront être informées dans les meilleurs délais.

Troisième objectif : la valorisation des déchets

Dans le cadre d'un chantier propre, il s'agit d'abord d'évaluer la quantité de déchets à produire (au moment de la préparation du chantier), ensuite de chercher les moyens de limiter cette production, de comptabiliser en cours de travaux le volume effectivement généré et enfin de valoriser le maximum de déchets en fonction des solutions disponibles et des filières locales.

FICHE N° 7 : que signifient les pictogrammes des étiquettes des produits dangereux ?

	**Dangereux pour la santé** : risque d'empoisonnement à forte dose, d'irritation de la peau, des yeux et des voies respiratoires, d'allergies cutanées et de somnolence ou vertiges. **Dangereux pour l'environnement** : détruit la couche d'ozone.
	**Dangereux pour l'environnement** : le produit pollue et provoque des effets néfastes (à court et/ou à long terme) sur les organismes du milieu aquatique.
	**Très dangereux pour la santé** : le produit peut provoquer le cancer, modifier l'ADN, nuire à la fertilité ou au fœtus, altérer le fonctionnement de certains organes, être mortel en cas d'ingestion et de pénétration par les voies respiratoires et provoquer des difficultés respiratoires.
	**Corrosif** : le produit peut provoquer des brûlures de la peau et des lésions aux yeux en cas de contact ou de projection. Il peut attaquer (ronger) ou détruire les métaux.
	**Inflammable** : le produit peut s'enflammer au contact d'une flamme, d'une étincelle, d'électricité statique, sous l'effet de la chaleur, de frottements, au contact de l'air ou de l'eau en dégageant des gaz inflammables.
	**Comburant** : le produit peut provoquer ou aggraver un incendie ou provoquer une explosion en présence de produits inflammables.
	**Explosif** : le produit peut exploser au contact d'une flamme, d'une étincelle, d'électricité statique, sous l'effet de la chaleur, d'un choc ou de frottements.
	**Gaz sous pression** : le produit peut exploser sous l'effet de la chaleur (gaz comprimés, liquéfiés ou dissous) et peut causer des brûlures ou blessures liées au froid (gaz liquéfiés réfrigérés).
	**Toxique ou mortel** : le produit peut tuer rapidement ; il empoisonne rapidement même à faible dose.

Activité 5 Organiser le chantier en prenant en compte les aspects de sécurité

La loi impose, sur les chantiers du bâtiment, une organisation et une coordination en matière de sécurité et de santé de tous les travailleurs.

Le respect des consignes permet de préserver sa propre santé et sa sécurité mais également celles des autres intervenants sur le chantier.

L'organisation du chantier concerne :

Les installations de chantier

© Fotolia.com

- **Les installations sanitaires et vestiaires :** les obligations concernant les installations d'accueil, les vestiaires et les sanitaires dépendent de la durée du chantier. Pour des chantiers de plus de quatre mois, des installations sanitaires fixes doivent être prévues. Pour des durées inférieures, des véhicules mobiles de chantier peuvent être utilisés.
- **Les accès et les aires de livraison :** pour éviter les manœuvres, prévoir une entrée et une sortie distinctes.

Les zones de travail

© Layher

- **Accès sécurisé :** aménager les escaliers à l'avancement de façon à limiter le recours aux échelles pour accéder aux niveaux supérieurs.
- **Poste de travail à hauteur :** des équipements comme les plateformes à maçonner, les échafaudages fixes offrent de bonnes conditions de travail et comportent des protections collectives contre les chutes de hauteur.

Les engins et machines de chantier

© Fotolia.com

- **Engins de levage :** l'utilisation de la grue à tour du chantier est recommandée pour les opérations de déchargement et de production. Le chariot élévateur de chantier transporte uniquement des matériaux, des petits matériels et des outillages.
- **Coulage et réglage du béton :** un mécanisme d'approvisionnement du béton est conseillé.

Les modes opératoires

Ils doivent prévenir et éliminer les risques de chute de plain-pied, les risques électriques lors des livraisons et des levages et les risques d'effondrement.

Organiser le chantier en prenant en compte les aspects de sécurité

Installations de chantier

- **Utiliser** les équipements sanitaires et les vestiaires pour garantir une hygiène permanente.
- **Porter** les vêtements de travail propres et les équipements de sécurité adaptés et en bon état.
- **Respecter** les voies de circulation matérialisées.
- **Respecter** les zones de stockage des différents matériaux et matériels.
- **Maintenir** les équipements en état.

➟ **Voir** *fiche technologie associée n° 8 : quels sont les équipements de protection individuelle du maçon ?*

Zone de travail

- **Utiliser** les équipements adaptés à l'activité exercée selon la configuration du bâtiment et des charges supportées.
- **Mettre en place** et utiliser les moyens d'accès adaptés et sécurisés pour l'accès à la zone de travail.

Les engins et machines de chantier

- **Utiliser** les moyens de levage et de manutention adaptés à la tâche réalisée.
- **Respecter** les conditions d'utilisation des équipements de levage et des machines.

➟ **Voir** *fiche technologie associée n° 9 : comment se préserver des risques consécutifs à une sollicitation répétée des articulations dans certaines situations de travail ?*

FICHE N° 8 : quels sont les équipements de protection individuelle du maçon ?

Les équipements de protection individuelle sont fournis par le chef d'entreprise. Le port de la plupart d'entre eux est obligatoire sur le chantier : vêtement de travail, casque, gilet de visibilité, chaussures de sécurité, etc. D'autres doivent être portés lors de la réalisation d'activités à risques spécifiques : lunettes, masque, casque auditif, harnais, etc.

Les salariés sont tenus de se conformer aux instructions (règlement intérieur, notes de services, consignes…) qui leur sont données par l'employeur.
Ces équipements doivent être maintenus en bon état, stockés conformément aux instructions et renouvelés à leur date de péremption.

FICHE N° 9 : comment se préserver des risques consécutifs à une sollicitation répétée des articulations dans certaines situations de travail ?

De manière générale, Il faut éviter les mouvements brusques.

Le travail au sol

Accroupissez-vous en douceur et relevez-vous en prenant appui sur vos bras, sinon tout le poids de votre corps se porte sur vos genoux.

Si vous vous maintenez accroupi de façon prolongée, il est conseillé de reposer régulièrement un genou, en allongeant alternativement l'une ou l'autre de ses jambes. Allonger la jambe permet aussi de favoriser la circulation sanguine.

Plutôt que de vous baisser en vous penchant, prenez appui avec une main pour soulager votre dos.

Travail au sol

Le travail en hauteur

Veillez autant que possible à ce que vos mains ne soient pas à un niveau supérieur à la hauteur de vos épaules.

Quand le port de charges est incontournable, contractez les muscles abdominaux, gardez votre dos droit, pliez vos genoux et utilisez la force de vos jambes pour soulever la charge.

Portez à deux personnes les charges lourdes.

Port de charge

La position assise

La position du cavalier est idéale. Inclinez le siège de votre véhicule légèrement vers l'avant. Pensez-y lors de vos déplacements en camionnette, camion et sur les engins.

Le travail debout, sans bouger

Écartez légèrement vos jambes ce qui répartit le poids de votre corps sur vos deux jambes.

Le travail couché

Pour diminuer les douleurs lombaires, mettez-vous sur le côté, un genou plié.

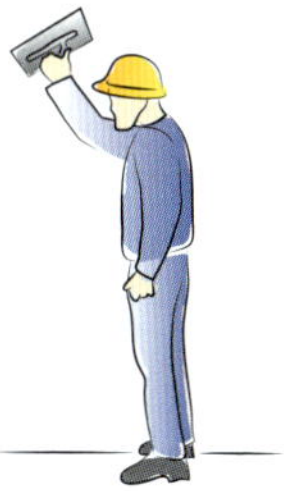

Travail debout

L'organisation du chantier

Le métier de maçon est un métier de contact humain : avec les collègues sur le chantier, avec les fournisseurs, les prestataires de service et les clients.

Le travail en équipe est une obligation : un maçon ne peut travailler seul !

Chaque chantier est unique et différent : on ne travaille jamais au même endroit ni de la même façon ou dans le même environnement.

Le maçon a un rôle important dans l'organisation du chantier car il est souvent le premier à intervenir.

Le chantier et son environnement :

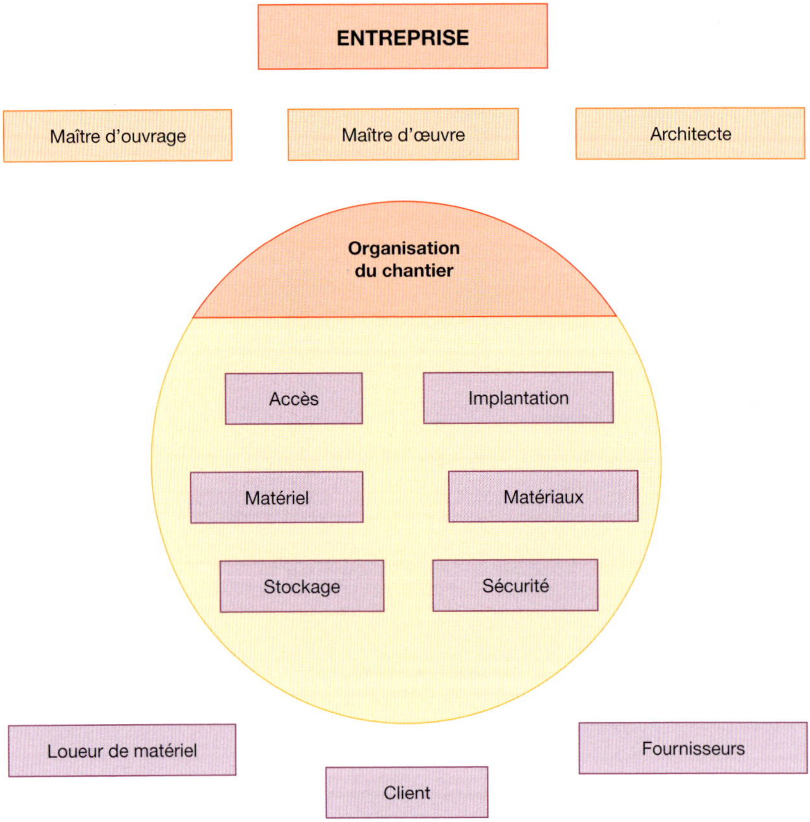

CHAPITRE 2

Réalisation des ouvrages en maçonnerie

© Fotolia.com

Ouvrage en maçonnerie

Activité 6 Préparer les mortiers à maçonner

Les mortiers à maçonner sont composés de sable, d'un liant et d'eau.

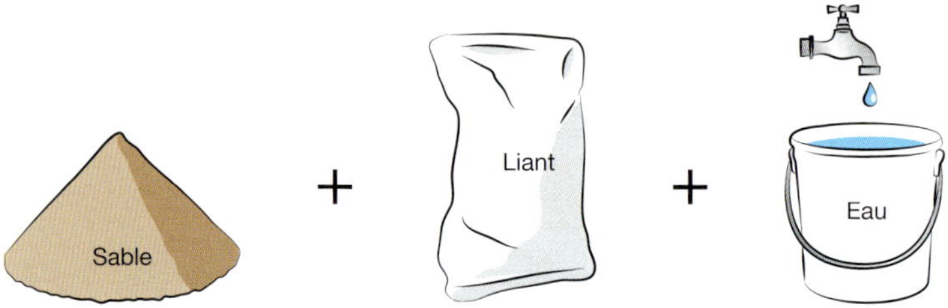

Le sable est un matériau inerte qui peut provenir de carrières ou de rivières. Sa propreté est primordiale pour la tenue du mortier. Sa granularité est d'environ 0,5 mm.
Le liant peut être de la chaux, du ciment ou un mélange des deux.
L'eau doit être pure et elle contribue à l'hydratation du mélange, donc à la prise de celui-ci.
La fonction des mortiers est d'assurer la liaison permanente entre les éléments de la maçonnerie pour réaliser un ensemble compact.
La bonne résistance mécanique d'une maçonnerie dépend essentiellement de la composition du mortier et de sa mise en œuvre.
La transmission des charges sur le bâtiment se fait par les joints, verticaux et horizontaux. Tous les vides doivent donc être remplis.
Un rejointement des joints empêche la pénétration de la pluie par un joint incorrect.
Les différents types de mortier :

- **Les mortiers de ciment :**
  Résistants, à prise et durcissement rapides, imperméables.
- **Les mortiers de chaux :**
  Gras et onctueux, à durcissement lent, peu utilisés.
- **Les mortiers bâtards :**
  Composés de chaux et de ciment, ils associent les qualités des deux composants. Un fort pourcentage de chaux augmentera la plasticité, un fort pourcentage de ciment augmentera la résistance.
  L'ajout d'adjuvants est possible : plastifiant, hydrofuge, fibre de verre, entraîneurs d'air, retardateur de prise, etc.
- **Les mortiers de ciment à maçonner :**
  Spécialement conçus pour la réalisation de mortier, ils sont composés de 50 % de clinker et 50 % de calcaire. Utilisés en particulier pour le hourdage de maçonneries courantes.
  Étant peu réactifs et peu résistants, ils ont l'avantage de limiter les retraits et les efflorescences.
  Utilisation interdite pour la réalisation des bétons.

Préparer les mortiers

Préparation à la main

- **Calculer** le volume de mortier nécessaire.
- **Préparer** une surface plane et propre, ou un bac à gâcher.
- **Verser** le sable nécessaire.
- **Verser** le liant sur le sable.

➠ *Voir fiche technologie associée n° 10 : comment choisir un liant pour mortier ?*

➠ *Voir fiche technologie associée n° 11 : comment lire un sac de liant ?*

- **Mélanger** pour obtenir un mélange homogène.

- **Ajouter** peu à peu l'eau et mélanger.

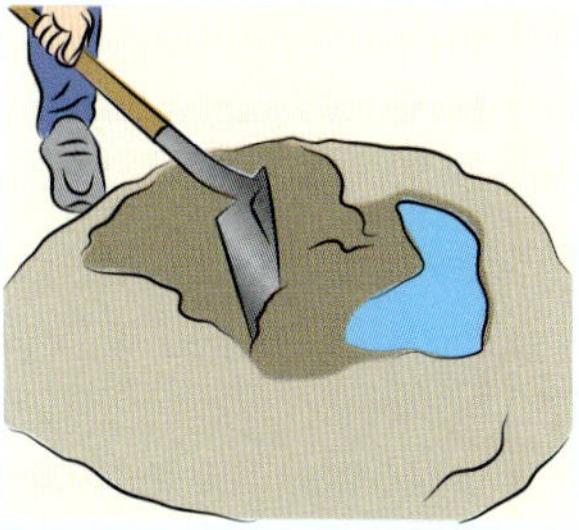

- **Contrôler** l'homogénéité et la consistance.

Dosage en liant : suivant la nature des travaux et le respect du DTU.
Environ 350 kg/m^3.

Volume d'eau : environ la moitié de la masse du liant (E/C = 1/2). Tout dépendra du degré d'humidité du sable.

Préparation à la bétonnière

- **Positionner** et caler la bétonnière au plus près du tas de sable, mettre à portée de main les sacs de liant et l'eau.
- **Mettre en route** la bétonnière et verser dans l'ordre, environ la moitié de l'eau nécessaire puis le liant. Quand le mélange forme une pâte onctueuse, verser le sable et compléter avec le restant d'eau jusqu'à obtention d'un mélange parfaitement homogène et de consistance parfaite.
- **Verser** dans la brouette. Le mortier est prêt à l'emploi.
- **Nettoyer** la bétonnière à l'eau et récupérer les eaux souillées dans un bac de décantation pour traitement.

© Fotolia.com

© Fotolia.com

Dosage en liant :

Suivant la nature des travaux et le respect du DTU.

Environ 350 kg/m^3 de mortier.

Volume d'eau : environ la moitié de la masse du liant (E/C = 1/2). Tout dépendra du degré d'humidité du sable.

Temps de malaxage : environ 3 minutes.

Prévoir l'équipement de sécurité approprié au type de bétonnière utilisée (thermique ou électrique).

Si la bétonnière fonctionne à l'électricité, veiller à ce que l'équipement électrique au complet soit étanche et protégé des chocs ou de l'écrasement.

Pour les bétonnières à moteur thermique, respecter le volume sonore par un entretien régulier de l'appareil.

Matériel
- Poste de bétonnage équipé
- Pelle, balai de cantonnier, seau, balayette
- Brouette

Consommables
- Eau
- Liant
- Sable

EPI
- Vêtement de travail
- Casque de protection
- Lunettes anti-projections
- Gants
- Chaussures de sécurité
- Casque anti-bruit

FICHE N° 10 : comment choisir un liant pour mortier ?

La maçonnerie utilise de nombreux mortiers, de composition variable suivant les caractéristiques de l'ouvrage. Pour monter des murs en briques, pierres ou parpaings par exemple, il faut une « colle » capable de lier les blocs entre eux et d'apporter la cohésion nécessaire à la construction. Le liant a pour fonction de solidariser les matériaux.

Pierres ou briques foraines

Les pierres tendres ou les briques foraines sont deux produits naturels et fragiles, à maçonner avec des chaux hydrauliques naturelles pures. Seuls les mortiers de chaux favorisent la régulation de l'hygrométrie et réduisent les remontées d'humidité par capillarité qui pourraient endommager les murs.

© Stock photos

Briques Monomur

La brique de terre cuite de type Monomur a un pouvoir isolant et respirant.
Pour préserver ses qualités, on conseille ainsi d'employer un mortier faiblement bâtardé de chaux hydraulique naturelle.

© Fotolia.com

Briques traditionnelles

La brique traditionnelle a un bon pouvoir respirant. Il est indispensable d'employer un mortier contenant une forte proportion de chaux naturelle pour conserver ses propriétés à la brique. L'emploi d'un mortier bâtard permettra, en outre, d'éviter l'apparition de spectres fantômes, le mortier ayant une porosité proche de celle de l'enduit de chaux.

© Stock photos

Blocs béton

Pour le montage de blocs béton (parpaings), il faut allier résistance, souplesse et porosité du mortier. Pour répondre à ces trois impératifs, le choix d'un mortier bâtard est de loin le plus judicieux.

© Stock photos

Mortier prêt à l'emploi

Le mortier prêt à l'emploi a toutes les caractéristiques des mortiers bâtards, avec l'avantage d'un mélange homogène régulier en usine et fortement dosé en chaux. Il permet de gagner du temps sur chantier en évitant les mélanges liants/sable.
Supports admissibles : briques neuves, pierres dures.

FICHE N° 11 : comment lire un sac de liant ?

Document normatif de référence :
NF EN 197-1 + Annexe A1 (Février 2001) NF EN 197-4 (Décembre 2004)

* Suite à une directive européenne, les ciments contenant plus de 0,0002 % de chrome VI soluble (du poids sec total des ciments) sont traités avec un agent réducteur, le but visé étant de réduire les cas d'allergie au chrome VI.

Pour vous aider à bien utiliser les ciments,
prendre connaissance des informations au dos des sacs

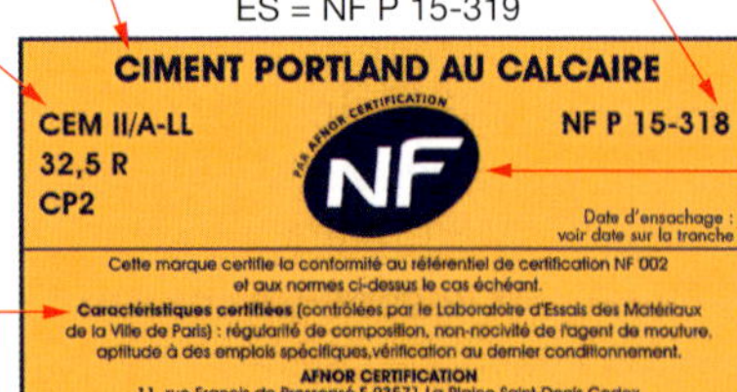

Activité 7 Réaliser des maçonneries en blocs de béton

Grâce à la variété de leurs formes, de leurs dimensions et de la nature du béton qui les constitue, les blocs offrent à l'utilisateur des caractéristiques physiques et mécaniques adaptées à chaque besoin et à chaque type de construction.

Usages	Blocs (CE)
Tout type de mur	Bloc creux 
Sous-sol enterré, refend, piscine	Bloc plein ou perforé 
Mur de soutènement, piscine	Bloc à bancher 
Jambages, chaînages verticaux, angles	Bloc poteau, feuillures 
About de planchers, cloison séparative	Planelles 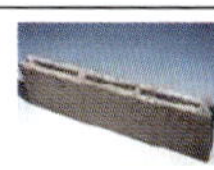
Linteaux, chaînages horizontaux	Bloc chaînages 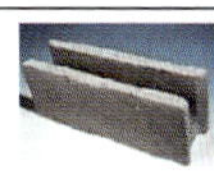
Mur thermiquement performant sans isolation rapportée	Bloc monomur pierre ponce 

Les blocs sont régis par le marquage CE, obligatoire, et par la marque de qualité NF qui garantit des performances adaptées à l'usage.

Les industriels du bloc ont également mis au point des blocs et procédés sous avis techniques, comme les blocs à maçonner pour montage à sec, à isolation intégrée, coffrage…

L'assemblage des blocs pleins ou creux, de terre cuite ou de béton est réalisé avec un mortier.

Suivant sa fonction le mur peut être porteur, de remplissage ou servir de cloison.

Les deux conditions essentielles auxquelles doivent répondre les murs d'habitation sont :

- la résistance car ils doivent :
  - supporter le poids propre du mur ;
  - supporter les charges permanentes telles que cloisons, plancher, carrelage… ;
  - supporter les charges d'exploitations telles que mobilier, personnes… ;
  - résister aux poussées des terres et du vent.
- l'isolation :
  - phonique (bruits) ;
  - hydrique (eau) ;
  - thermique (chaud/froid).

Maçonner des blocs de béton

- **Implanter** les angles sortants et rentrants en s'aidant des cordeaux tendus sur les chaises d'implantation. À l'aide d'un **fil à plomb d'axe** redescendre le cordeau sur la fondation ou le dallage et **tracer au trait bleu** l'épaisseur du mur en cote brute, ainsi que les différentes ouvertures.

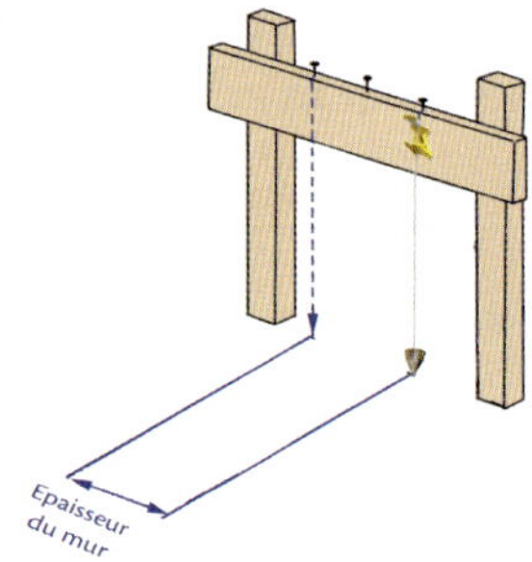

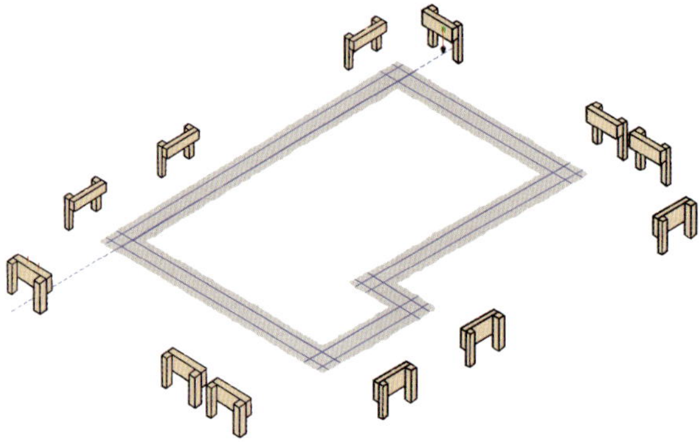

Le fil à plomb d'axe permet le report au sol de la largeur du mur définie sur les chaises.
On utilise aujourd'hui plus fréquemment le fil à plomb laser.

© Leborgne Fiskars

Fil à plomb d'axe ou d'architecte

- **Déterminer** le **calepinage** horizontal et vertical.
  ➠ **Voir** *fiche technologie associée n° 12 : comment déterminer un calepinage ?*

- **Installer** les piges et **tracer** (éventuellement) le calepinage vertical et le trait de niveau à 1 mètre.

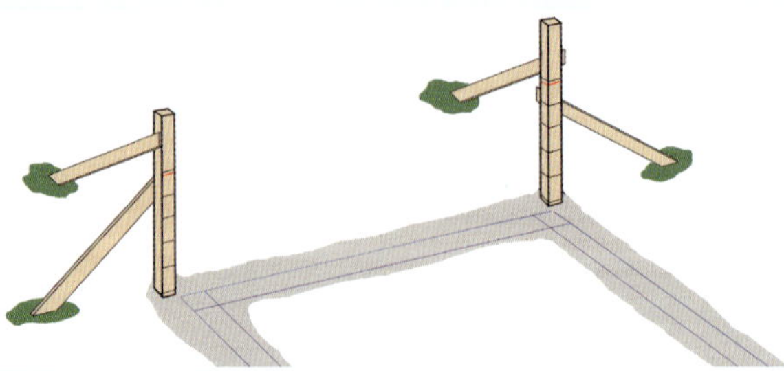

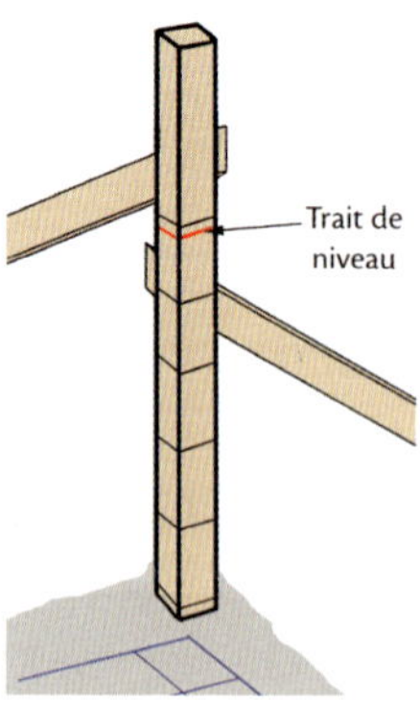

- **Étaler** sur une épaisseur régulière le mortier le long du tracé en évitant de masquer le trait.

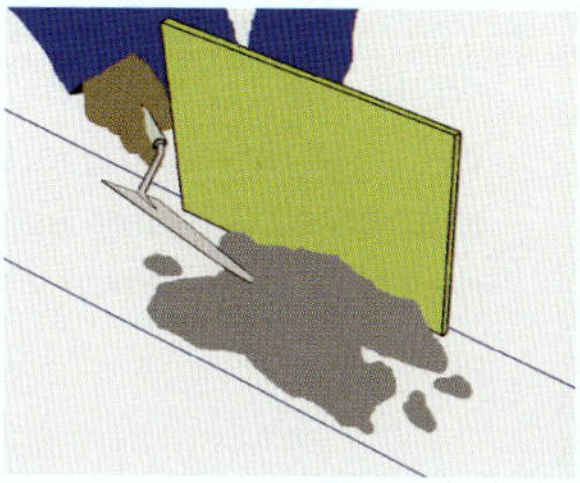

- **Poser** les blocs d'angles (A) aux extrémités des murs.

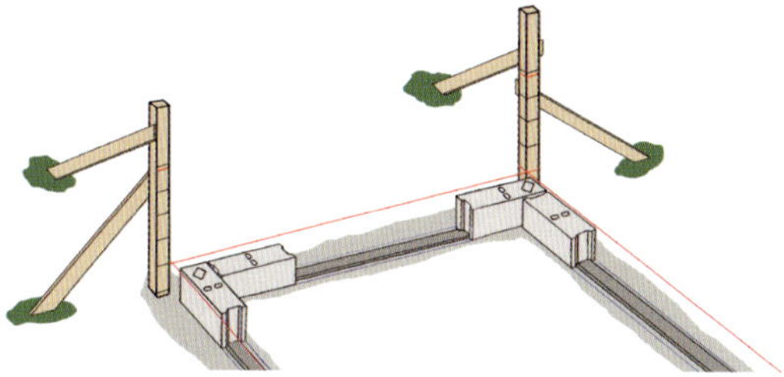

- **Régler** l'équerrage, l'alignement et la verticalité.
  ➠ **Voir** *fiche technologie associée n° 13 : comment contrôler la position d'un élément de maçonnerie ?*

- **Poser** les blocs de jambages s'il y a lieu et **régler** les aplombs et l'alignement.

- **Poser** les blocs de remplissage et les **tasser** tout en les alignant au cordeau.

- **Enlever** l'excédent de mortier et **remplir** les joints verticaux.

⚠ Les éléments de maçonnerie ayant un coefficient élevé d'absorption d'eau par capillarité doivent être humidifiés avant la pose, surtout par temps venteux ou chaud.

- **Continuer** ainsi pour les autres rangs. Pour des questions de stabilité et de facilité de mise en œuvre, il est préférable que la hauteur d'étage soit maçonnée en deux fois.

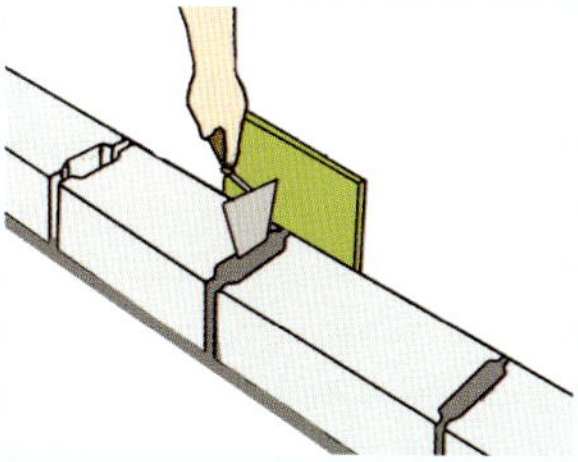

- **Veiller** à respecter les règles pour réaliser un appareillage conforme à la réglementation (norme NF DTU 20.1) : le décalage des joints verticaux de deux assises successives doit être au moins égal au 1/3 de la longueur de l'élément, de préférence à sa moitié.

Les assises impaires (1, 3, 5…) sont identiques entre elles.

Les assises paires (2, 4, 6…) sont identiques entre elles.

Sur un mur de soubassement il est obligatoire de réaliser une protection de remontée d'humidité par capillarité. Cette disposition est à réaliser au moins à 15 cm au-dessus du niveau le plus haut du sol définitif extérieur.

Joints verticaux : le montage est effectué à joints croisés.

Le décalage insuffisant des joints verticaux entre deux assises compromet la liaison des éléments entre eux.

Le joint est réalisé par remplissage des évidements de façon à ce qu'il n'existe pas de discontinuité entre le mortier des joints horizontaux et verticaux.

Matériel

- Cordeau à maçonner, fil à plomb d'axe, fil à plomb à maçonner, truelle, massette, taloche, crayon, mètre
- Niveau laser
- Pelle, balai de cantonnier, seau, balayette
- Brouette, bac à mortier

Consommables

- Eau
- Liant
- Sable
- Blocs à maçonner

EPI

- Vêtement de travail
- Casque de protection
- Lunettes anti-projections
- Gants
- Chaussures de sécurité

FICHE N° 12 : comment déterminer un calepinage ?

La fonction première du calepinage est de déterminer le nombre d'éléments nécessaire pour la construction.
Mais il permet également de déterminer les coupes nécessaires pour réaliser le mur à la dimension indiquée par le plan.

Le calepinage horizontal

Après avoir placé les blocs d'angles et de jambage, il faut déterminer le nombre de blocs de remplissage nécessaires pour chaque rang.
Pour respecter l'appareillage, il sera nécessaire d'utiliser des demi-blocs ou de couper des blocs en deux parties.

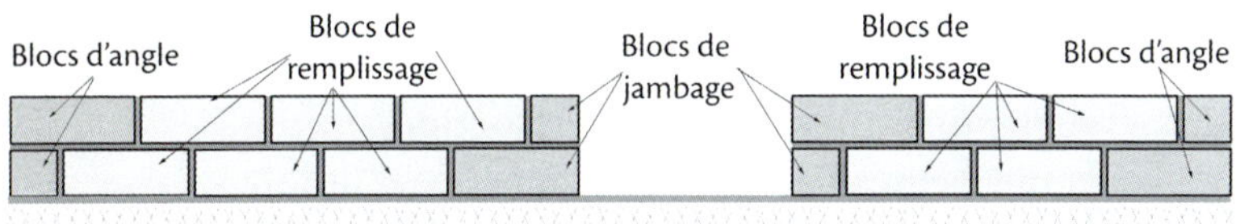

Cas particulier :
Il est possible que la position des blocs d'extrémité laisse un espace trop faible pour placer un bloc coupé (espace inférieur au tiers de la longueur) ; il sera possible de jouer sur la largeur des joints verticaux : épaisseurs des joints larges de 10 à 20 mm.

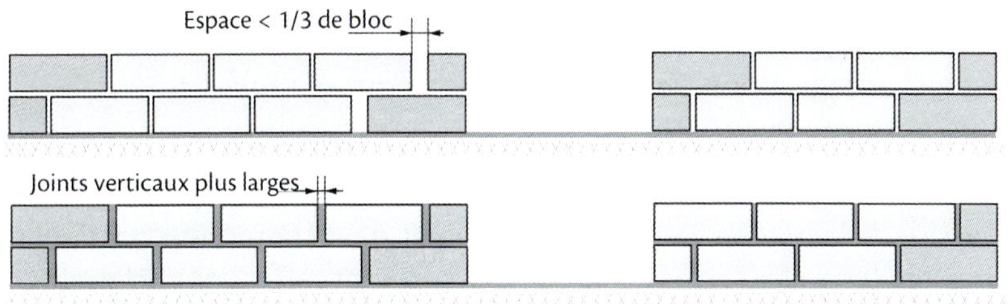

Le calepinage vertical

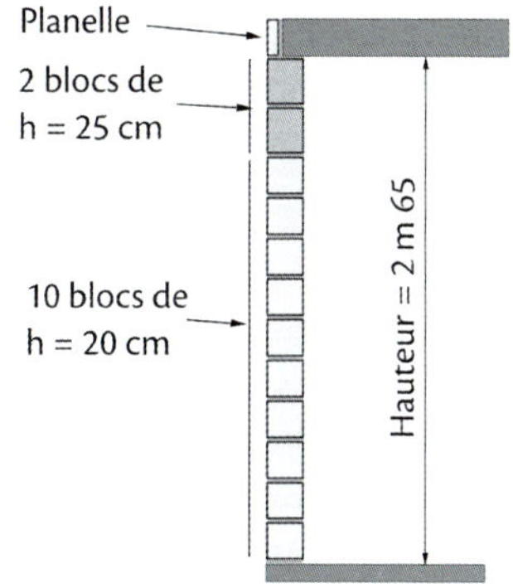

Les contraintes pour le calepinage vertical sont les hauteurs entre les différents niveaux (dalles) de la construction.

Exemple :
Pour obtenir une hauteur de 2 m 65, le calepinage sera réalisé par 10 blocs de 20 cm de hauteur et 2 blocs de 25 cm de hauteur.
La hauteur sera obtenue par la prise en compte de l'épaisseur des joints.

Activité 8 Réaliser des maçonneries à joint mince

La maçonnerie à joints minces a été intégrée en 2011 à la norme DTU 20-1 « Ouvrages en maçonnerie de petits éléments » et n'est plus réservée aux seuls bétons cellulaires et briques. Elle s'applique aussi aux blocs de béton rectifiés.
On parle aussi de pose collée à joints minces ou de maçonnerie collée.
Avec la rectification, les blocs de construction, en brique ou en béton, sont parfaitement ajustables entre eux (les faces inférieures des blocs s'alignent directement sur les faces supérieures des blocs de la rangée du dessous).

Il n'est plus nécessaire d'ajouter du mortier pour assurer la planéité, ni de se soucier de l'aplomb de la construction.
Il suffit d'appliquer une petite quantité de mortier-colle et de l'araser avant de poser les blocs : l'application peut se faire au rouleau.
Les joints de maçonnerie deviennent minces (quelques millimètres d'épaisseur).

Avantages du montage à joints minces :
– moins de mortier utilisé (environ 10 fois moins donc autant d'eau économisée et des déchets diminués) ;
– facilité de montage, donc temps de pose économisé (environ 20 %) ;
– meilleure performance thermique ;
– rendu propre et régulier.

L'arase d'assise de la maçonnerie doit faire l'objet d'un traitement particulièrement soigné. En effet, les dalles ou les dallages en béton sont rarement parfaitement plans, d'où l'importance de démarrer la pose sur une arase parfaite, car la technique de maçonnerie à joints minces ne permettra pas de rattraper le niveau. Ce résultat, qui sera obtenu en utilisant des platines et un niveau à bulle ou à laser, garantira l'horizontalité de la maçonnerie. L'arase d'assise sera réalisée avec une couche d'un mortier épais, courant (G) ou allégé (L) et peut aussi comporter une protection contre les remontées capillaires, sous réserve d'utiliser un mortier hydrofugé.
Parmi les autres exigences de la maçonnerie à joints minces, il faut veiller à la compatibilité des éléments à maçonner (uniquement des maçonneries rectifiées), du mortier-colle et du matériel d'application. La préparation du mortier pour joints minces doit être effectuée selon les préconisations du fabricant, en respectant notamment la quantité d'eau indiquée, ainsi que le temps de malaxage, afin d'obtenir une bonne homogénéité du mélange.

Maçonner des blocs de béton rectifiés

- **Réaliser** l'arase : à partir du point le plus haut des fondations ou de la dalle avec l'utilisation de platines.

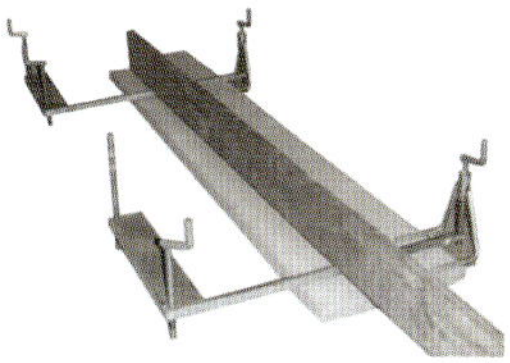

- **Préparer** le mortier colle par malaxage.

- **Encoller** le premier rang.

- **Poser** le bloc d'angle et le bloc de tableau (ou l'autre angle s'il n'y a pas d'ouverture).

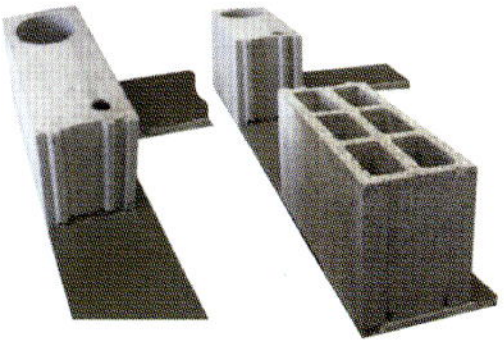

- **Poser** les blocs (modules) intermédiaires.

- **Graisser** le tableau avant de poser le bloc d'angle.

- **Encoller** le premier rang : le rouleau applicateur dépose trois bandes de 3 mm de colle.
- **Poser** les blocs du deuxième rang en respectant les règles de l'appareillage dans la limite du temps d'ajustabilité.
- **Araser** les joints au fur et à mesure de l'avancement des travaux.
- **Vérifier** constamment l'aplomb et l'horizontalité du rang, les corriger si nécessaire.
- Pour les **zones sismiques**, **encoller** les joints verticaux avec la pelle sismique (obligation).

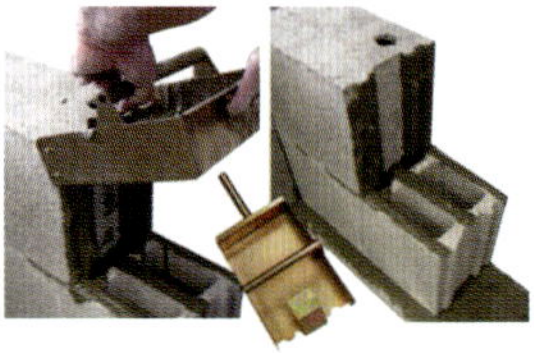

GIE Technibloc

⚠ Le montage traditionnel du premier rang doit présenter une assise parfaitement plane et de niveau : défaut de planéité inférieur à 1 mm.

⚠ Les blocs doivent être sains.

Ils doivent être débarrassés des poussières et de toutes les parties non adhérentes ou pouvant nuire à l'adhérence.

Les blocs doivent être humidifiés avant le collage sans toutefois présenter un film d'eau à la surface.

Matériel

- Cordeau à maçonner, fil à plomb d'axe, truelle, massette, taloche, crayon, mètre
- Niveau laser éventuellement
- Pelle, balai de cantonnier, seau, balayette
- Brouette, bac à mortier
- Platines
- Malaxeur
- Rouleau applicateur
- Pelle sismique (éventuellement)

Consommables

- Eau
- Colle
- Blocs à maçonner

EPI

- Vêtement de travail
- Casque de protection
- Lunettes anti-projections
- Gants
- Chaussures de sécurité

Maçonner des blocs de brique

- **Poser et mettre de niveau** les platines.
- **Réaliser** l'arase étanche à l'aide d'une règle en confectionnant un lit de mortier ciment hydrofugé sur la périphérie de la construction.

- **Mettre en place** des briques poteaux.
- **Régler** l'horizontalité à l'aide du niveau à bulle.
- **Poser** les briques de base en alignement du cordeau à l'aide d'un maillet en caoutchouc pour assurer l'adhérence.
- **Vérifier** l'horizontalité globale du rang à l'aide d'une règle de maçon de 4 m.

- **Préparer** le mortier-colle pour briques. Le mortier doit être homogène. On réalise environ 20 m^2 avec un sac de mortier-colle pour joints minces. La colle qui reste adhérente quelques instants sur une truelle inclinée indique un mélange ayant une plasticité satisfaisante.
- **Enlever** les particules de poussière et **humidifier** pour augmenter l'adhérence du mortier-colle sur la brique.

- **Appliquer** le mortier à l'aide d'un rouleau distributeur (environ 3 mm).

- **Poser** le 2e rang : les briques suivantes s'ajusteront automatiquement sur le rang grâce aux tenons mâle-femelle.

Maçonner des blocs de béton cellulaire

Pose du premier rang

Comme pour les autres matériaux, il faut débuter toujours le 1er rang par la pose d'un bloc de chaînage vertical aux angles de l'ouvrage.

Les blocs de béton cellulaire peuvent être posés :

- sur un lit de mortier hydrofugé.
  - **Déposer** deux boudins de mortier.
  - **Poser** le bloc (bloc de chaînage vertical) et vérifier son niveau. Ajuster à l'aide du maillet.
  - **Procéder** de même pour les blocs suivants.
- sur arase sèche hydrofugée, pré-coffrée, parfaitement d'aplomb et de niveau.
  - Après séchage de l'arase au mortier, **encoller** directement avec la truelle crantée.
  - **Poser** le bloc (bloc de chaînage vertical).
  - **Vérifier** son niveau et son alignement. Ajuster à l'aide du maillet. Procéder de même pour les blocs suivants.

> ⚠ Les blocs à poignées et emboîtement ne nécessitent pas l'encollage des joints verticaux.
>
> Mais tous les départs d'angle et les ruptures sont impérativement collés verticalement (photo ci-contre).

Préparation du 2e rang

- **Déceler** les points hauts à l'aide d'une règle en la faisant glisser de la droite vers la gauche.

- **Poncer** à l'aide d'une planche à poncer ou un chemin de fer pour des irrégularités plus importantes.

- **Dépoussiérer** l'assise du nouveau rang.

Pose du 2e rang

- **Encoller** directement le 1er bloc en utilisant une truelle crantée adaptée à la largeur des blocs.
- **Tirer** le mortier-colle en appuyant sur la truelle.
- **Poser** le bloc d'angle.
- **Vérifier et corriger** rapidement l'alignement à l'aide du maillet.
- **Vérifier** son niveau et son aplomb.
- **Encoller** sa face verticale (départ d'angle) avant la pose du 2e bloc.
- **Fixer** le cordeau d'alignement.
- **Poser** les blocs suivants sur un lit de mortier-colle.

© Xella Thermopierre

© Xella Thermopierre

© SOFOP taliaplast

Truelle crantée

⚠ Dans le cas de la pose sur lit de mortier, attendre le séchage complet du mortier avant de démarrer le 2e rang.

⚠ La pose des blocs se fait à joints croisés, avec un recouvrement égal à l'épaisseur des blocs ou à 1/3 de la longueur, soit 20 cm minimum.

⚠ Éviter de préparer une quantité trop importante de mortier-colle.

Ne jamais rajouter d'eau ni de poudre après malaxage.

Matériel

- Fil à plomb, truelle crantée, maillet, taloche, crayon, mètre, cordeau
- Niveau laser éventuellement
- Pelle, balai de cantonnier, seau, balayette
- Brouette, bac à mortier
- Platines
- Malaxeur
- Planche à poncer et chemin de fer

Consommables

- Eau
- Colle
- Blocs à maçonner

EPI

- Vêtement de travail
- Casque de protection
- Lunettes anti-projections
- Gants
- Chaussures de sécurité

FICHE N° 13 : comment contrôler la position d'un élément de maçonnerie ?

La verticalité

Pour un maçon, la verticalité est donnée par la direction du fil à plomb.

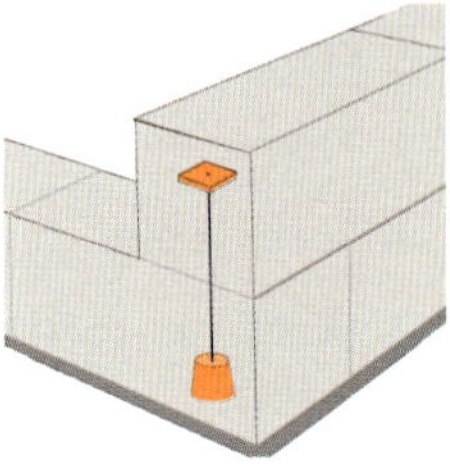

L'horizontalité

L'horizontalité d'une droite ou d'un plan peut être vérifiée à l'aide d'un niveau à bulle.
Un plan est défini par deux droites perpendiculaires (géométrie).
Pour vérifier l'horizontalité d'un bloc, il faut donc placer le niveau successivement longitudinalement et transversalement.

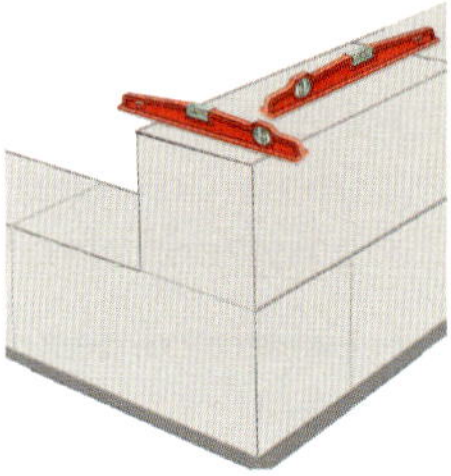

> ***Remarque :*** *un bloc mis à l'aplomb sur deux faces verticales se retrouve obligatoirement de niveau sur le plan horizontal : le fil à plomb reste l'outil de contrôle principal.*

L'alignement

La méthode pour respecter l'alignement de plusieurs blocs de maçonnerie consiste à tendre un cordon entre deux points de référence. Les éléments seront disposés à une faible distance, sans toucher le cordon.

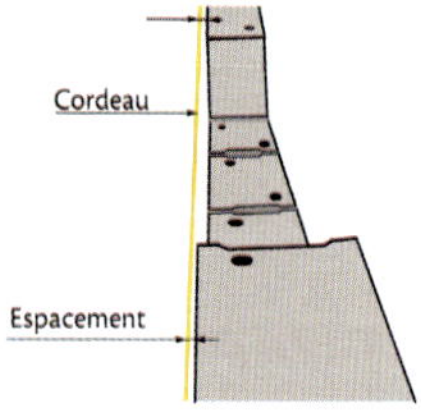

La planéité

La planéité peut se vérifier en déplaçant une règle de maçon sur la surface à contrôler.

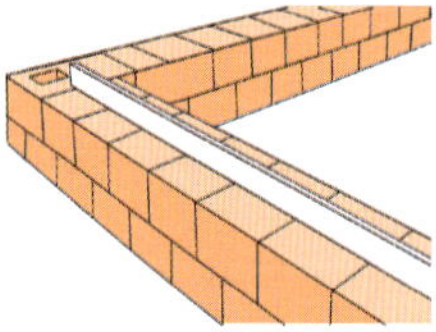

Les tolérances angulaires et dimensionnelles

La géométrie parfaite n'existe pas. Pour chaque contrôle une petite marge d'erreur est acceptée. Exemple (selon NF DTU 20.1) :
les écarts sur les distances entre une partie d'ouvrage et une autre partie voisine (telle la distance entre deux murs) ne doivent pas être supérieurs à 2 cm en plus ou en moins.
Les écarts sur les cotes de dimensionnement d'un ouvrage (telle que l'épaisseur d'un mur) doivent être inférieurs à 1 cm en plus ou en moins. Les écarts sur la verticalité d'un parement (verticalité d'une face de mur) doivent être inférieurs à 1,5 cm sur une hauteur d'étage (maçonneries à enduire et maçonneries destinées à rester apparentes).
Tout écart par rapport à cette tolérance peut entraîner le démontage ou la démolition d'une partie de l'ouvrage réalisé.

Couper un bloc de maçonnerie

Bloc de béton

- **Mesurer** la longueur nécessaire du bloc de remplissage sur le mur en prenant en compte l'épaisseur des joints.
- **Reporter** cette dimension sur le bloc et tracer la ligne de coupe. Cette ligne de coupe doit correspondre à une partie creuse du bloc.
- **Battre** le côté du bloc le long de la ligne de coupe avec une massette.

- **Refaire** la même opération sur l'autre côté du bloc.

- **Basculer** le bloc à plat pour le fendre.

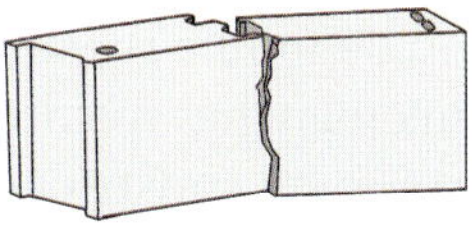

Bloc de brique ou béton cellulaire

Les blocs de brique et de béton cellulaire peuvent être coupés à l'aide d'une scie à lame carbure.

© Bouyer Leroux bio'bric

Bloc de brique coupé à la scie électrique

© Xella Thermopierre

Bloc de béton cellulaire coupé à la scie égoïne

Activité 9 Réaliser les linteaux

Le linteau est un élément de maçonnerie qui sert à soutenir les matériaux du mur au-dessus d'une ouverture (porte, fenêtre…).
Autrefois les linteaux étaient réalisés en pierre, en bois ou en fer en U. Aujourd'hui, ils sont le plus généralement réalisés en béton armé.

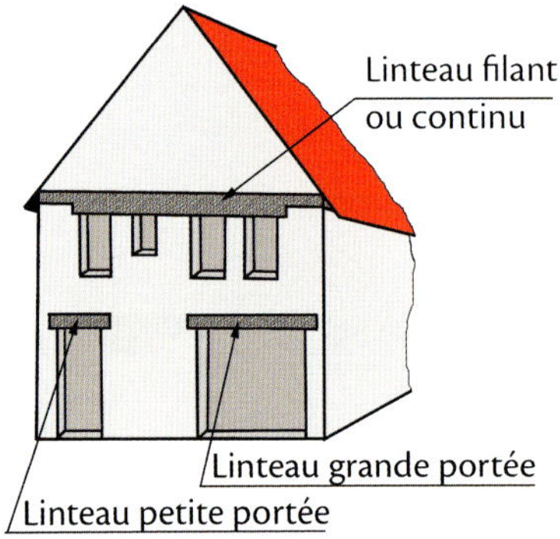

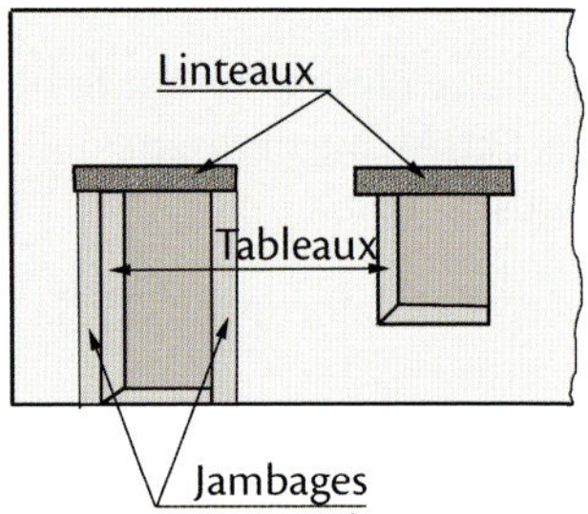

Les différents linteaux

• **Le linteau traditionnel**

Il est réalisé par coulage de béton dans un coffrage avec mise en place d'une armature en fer à béton.

Faible portée :
On utilise un bastaing ou un madrier comme fond de moule suivant l'épaisseur du mur.
Deux planches maintenues sur les côtés par un serre-joint constituent un dispositif suffisant pour réaliser le coffrage.

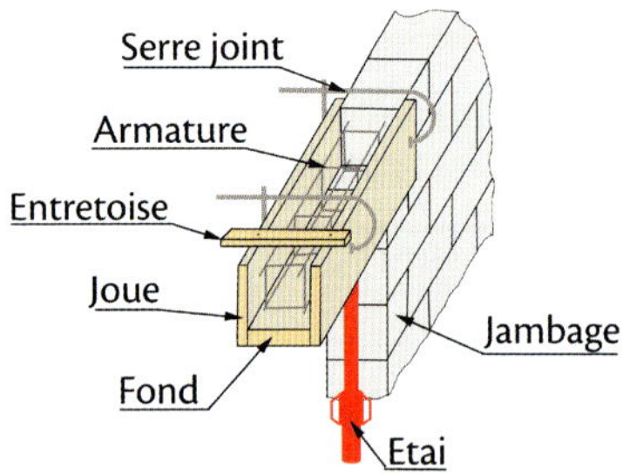

Grande portée :
On réalise pour les grandes portées des coffrages traditionnels avec un fond de moule composé de planches posées sur des chevrons, soutenus par des madriers portés eux-mêmes par des étais.
Les planches de coffrage de côtés, ou « joues » sont maintenues par une butée à la base.

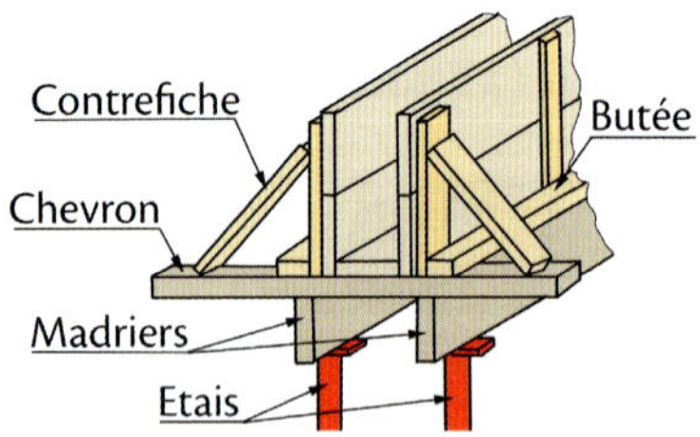

- **Le pré-linteau**

Le pré-linteau, en béton précontraint, se comporte comme un fond de moule : c'est la sous-face du linteau. Le pré-linteau est posé sur un lit de mortier, l'ancrage est de 20 cm de part et d'autre de l'ouverture.
Sa pose est sans étai pour des portées inférieures à 1,40 m. Au-delà, l'étaiement est placé à mi-portée.

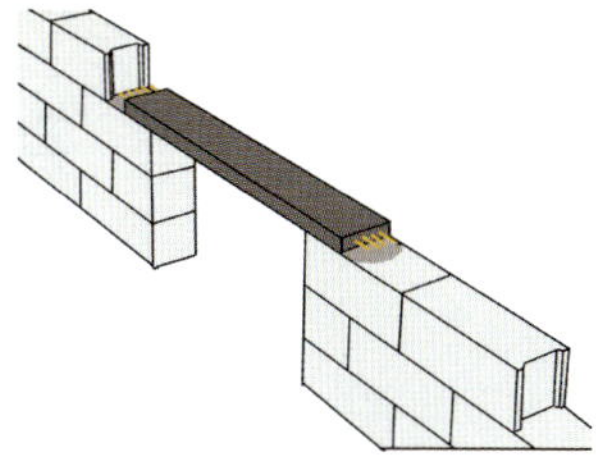

- **Le coffrage perdu**

Les éléments latéraux du coffrage sont obtenus par des planelles fixées sur un pré-linteau par du mortier.

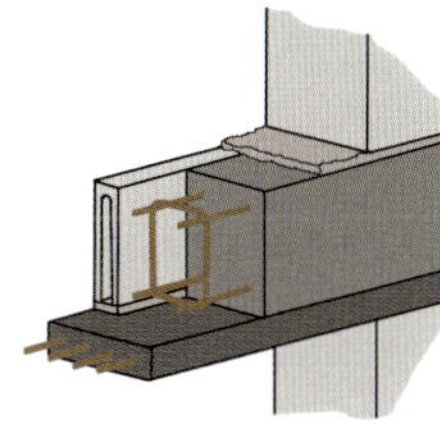

Les blocs linteaux préfabriqués

Le bloc linteau est utilisé pour constituer les linteaux et chaînages horizontaux de murs extérieurs et de refends. La mise en œuvre peut se faire à l'aide d'un pré-linteau ou d'une planche de coffrage.

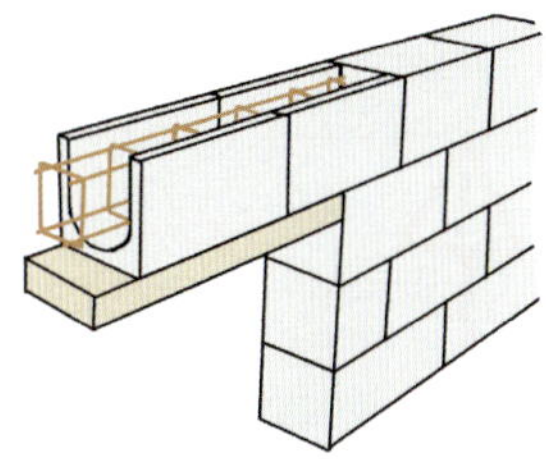

Exemples de blocs :

© Faberni

Bloc linteau béton

© Wienerberger

Bloc linteau brique

© Xella Thermopierre

Bloc linteau béton cellulaire

- **Les linteaux préfabriqués**

Préfabriqué, le linteau est prêt à poser. Il repose sur les jambages de l'ouverture.

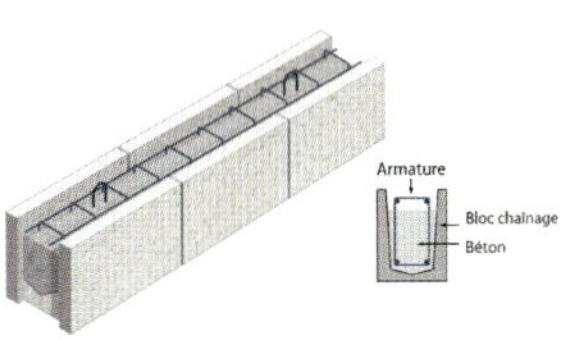

© Socramat

Linteau préfabriqué en béton

© Bouyer Leroux bio'bric

Linteau préfabriqué en brique avec coffre pour volet roulant

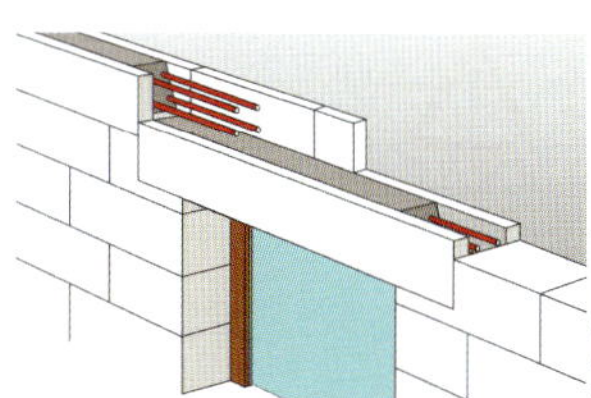
© Xella Thermopierre

Linteau préfabriqué en béton cellulaire

Réaliser un linteau (coffrage de principe)

- **Tracer** la ligne de niveau à partir du point de niveau (voir chapitre 1 page 19) à l'aide d'un cordeau à tracer.
- **Tracer** un repère correspondant à la hauteur totale de l'ouverture à partir de cette ligne de niveau.
  ➟ **Voir** *fiche technologie associée n° 14 : comment calculer la position d'un linteau ?*
- **Mesurer** la largeur de l'ouverture entre les deux jambages.
- **Reporter** cette dimension sur le madrier et le découper : il servira de support au fond du linteau.

> ⚠ Dans un coffrage traditionnel, cette pièce pourra être le fond du linteau ou fond du moule.
> La longueur de cette pièce doit être légèrement inférieure à la largeur de l'ouverture pour faciliter le décoffrage (environ 1 cm).

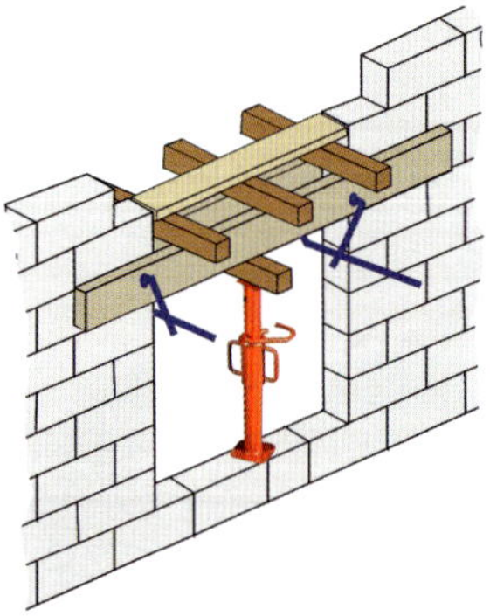

- **Positionner** la pièce de bois supportée par un ou deux étais à la hauteur du fond du linteau.
- **Contrôler** la hauteur et les niveaux longitudinalement et transversalement, **régler** si nécessaire.
- **Placer** le coffrage selon le procédé choisi : traditionnel, pré-linteau avec planelles, blocs préfabriqués ou linteau préfabriqué.

Exemple : *blocs préfabriqués*

> ⚠ Les blocs préfabriqués pourront être coupés à la dimension voulue selon la longueur du linteau.

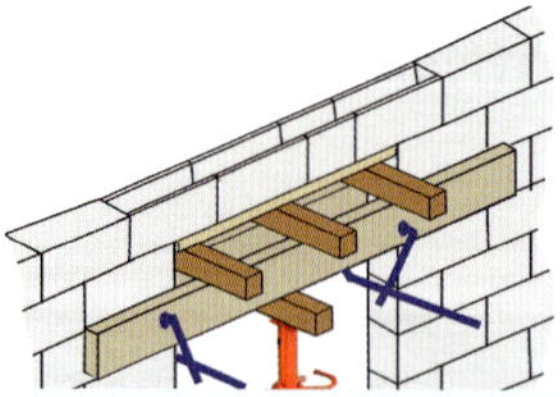

- **Placer** le ferraillage dans le coffrage en gardant un espace par rapport aux parois à l'aide de cales à béton.

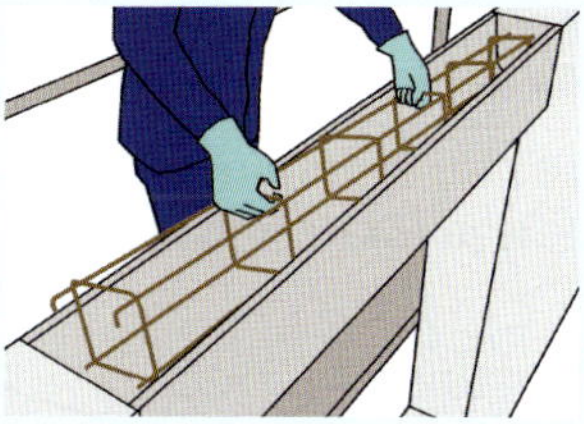

> Les cales à béton vont centrer l'armature par rapport aux joues du coffrage et la surélèveront par rapport au fond de coffrage. L'armature sera idéalement enserrée par le béton.
>
> Généralement, l'enrobage des aciers doit être de **3 cm** minimum de tous les côtés mais il est nécessaire de respecter les prescriptions des plans d'armatures.

- **Couler** le béton en veillant au maintien en place du ferraillage.

> L'appui du pré-linteau, est posé sur un lit de mortier, l'ancrage est de 20 cm de part et d'autre de l'ouverture.

> La pose d'un linteau peut se faire sans étai pour des portées inférieures à 1,40 m.
>
> Au-delà, l'étaiement est placé à mi-portée.

> Le dimensionnement des linteaux :
> Largeur = 1/10 de la portée libre
> Hauteur = 1/10 de la portée libre
>
> Si la portée libre est inférieure ou égale à 1 m :
> – l'ancrage est de 20 cm minimum ;
> – la hauteur est de 20 cm minimum.

Matériel

- Cordeau traceur, niveau, truelle, maillet, marteau, crayon, mètre
- Brouette
- Bétonnière
- Malaxeur
- Scie
- Serre-joints
- Étais

Consommables

- Eau
- Ciment et/ou colle, béton
- Blocs ou linteau préfabriqués
- Planches, madriers, tasseaux
- Clous
- Ferraillage préfabriqué, fers à béton

EPI

- Vêtement de travail
- Casque de protection
- Lunettes anti-projections
- Gants
- Chaussures de sécurité

FICHE N° 14 : comment calculer la position en hauteur d'un linteau ?

Le plan ci-dessous indique la hauteur de la distance mesurée entre la **sous-face du linteau** et le **point de niveau**.

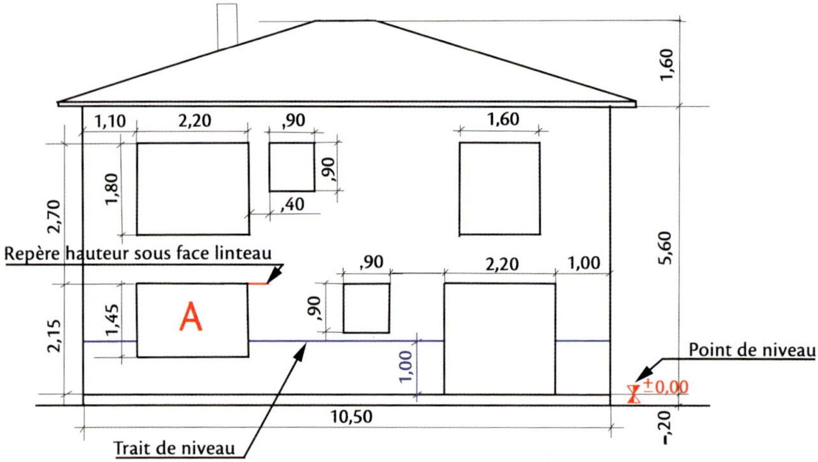

Exemple : calcul de la hauteur du repère correspondant à la sous-face du linteau.
Le plan indique une hauteur de 2,15 m par rapport au point de niveau.
La ligne de niveau se situe à 1 m du point de niveau.
Il suffit de faire la soustraction suivante : **2,15 – 1 = 1,15**
Le repère se trouve à 1,15 m du trait de niveau.

Cas d'un plan en coupe : cotation d'une baie
HNB : Hauteur Nominale de Baie
Distance mesurée entre la sous-face du linteau et le rejingot de l'appui.
a : hauteur d'allège
b : retombée du linteau
H : Hauteur repère / trait de niveau

$$H = a + HNB - 1$$

(Dimensions en mètres)

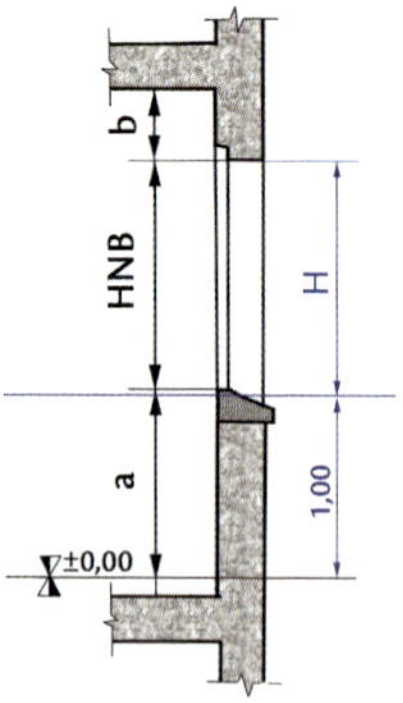

Coupe XX

Activité 10 Réaliser les chaînages

Les chaînages constituent l'élément essentiel de la stabilité globale d'un ouvrage en maçonnerie en permettant de relier les différents murs constitutifs, assurant ainsi la répartition et la transmission des efforts subis par une construction.
Ils sont constitués d'armatures métalliques et sont généralement incorporés à la maçonnerie dans des blocs spéciaux.

On en distingue deux types :

– **le chaînage horizontal :**
On l'appelle aussi la ceinture. Il fait le tour des murs porteurs (façades, refends et pignons) au niveau des planchers béton de même hauteur. On le retrouve aussi au sommet de ces murs (l'arase).
Ils sont reliés aux chaînages verticaux.

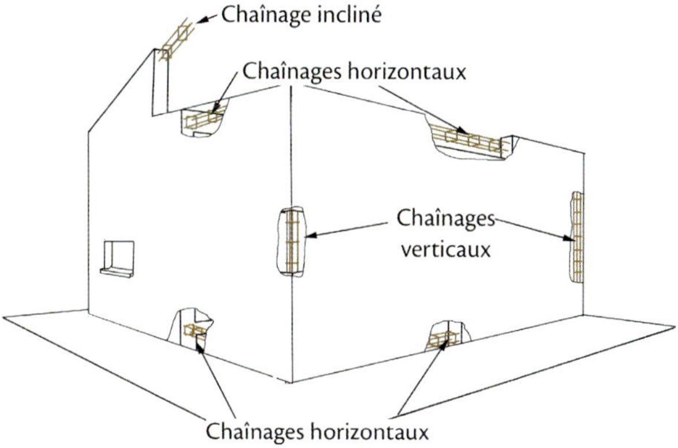

– **le chaînage vertical :**
À chaque angle, des trous sont prévus dans les blocs d'angle. Ils sont destinés à recevoir le chaînage vertical. Ces armatures sont elles-mêmes ancrées dans les chaînages horizontaux et dans les treillis de plancher, avant d'être noyées dans le béton.

Les aciers positionnés aux angles doivent :
– assurer la continuité des chaînages, c'est une boucle d'armature sans aucune coupure ;
– verrouiller tous les angles ;
– disposer rationnellement les équerres complémentaires et tout autre acier filant de renfort.

Exemples : liaisons efficaces possibles entre les armatures des divers chaînages.
Ces liaisons doivent être de même diamètre que les chaînages courants et les recouvrements droits de 50 fois le diamètre.
À titre d'indication et en règle générale, la section minimale prescrite est d'environ 0,5 % de la section de béton. Mais il est préférable de se référer aux prescriptions et aux plans de ferraillages donnés par le maître d'œuvre.

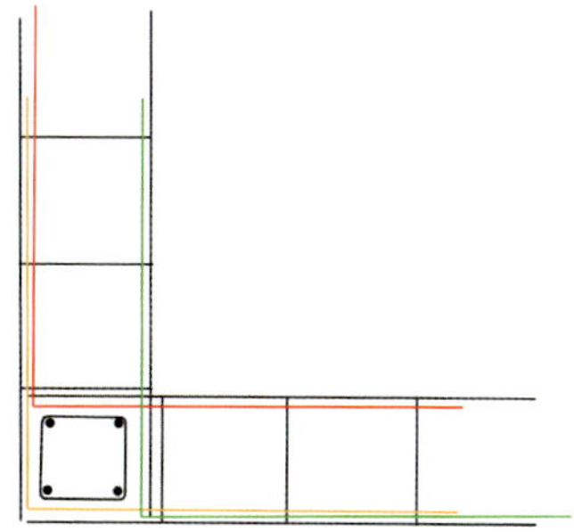

MODE OPÉRATOIRE

Réaliser les chaînages

Chaînage vertical

Les chaînages verticaux sont obtenus par superposition de blocs spéciaux (appelés blocs d'angle) avec un espace prévu pour le ferraillage.

Le bloc d'angle appelé aussi bloc poteau est utilisé pour réaliser les chaînages verticaux. Il évite ainsi la réalisation d'un coffrage.

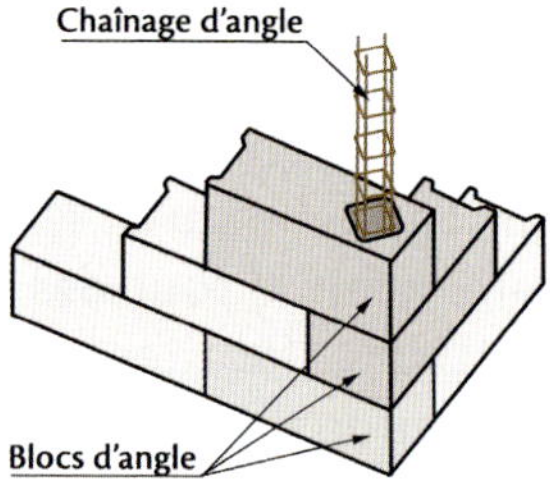

Chaînage horizontal

- **Préparer** le chantier : équipements, éléments de coffrage, outils...
- **Vérifier** l'échafaudage : hauteur, ancrage, éléments de sécurité...
- **Préparer** éventuellement les blocs de coffrage sur la plateforme de l'échafaudage.

> ⚠ En cas de stockage de matériaux, respecter les limites de charges des planchers d'échafaudages.

- **Réaliser** le coffrage à la hauteur indiqué sur le plan.

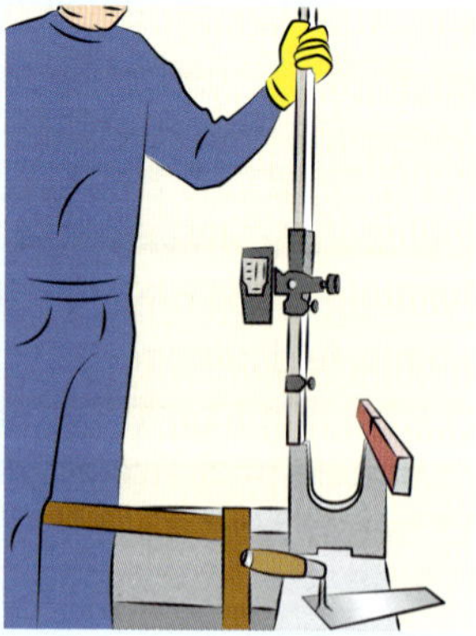

- **Vérifier** l'alignement et l'horizontalité avec une règle de maçon ou, de préférence, avec un niveau laser.

- **Réaliser** les coffrages d'angle et de poteau pour les éléments de coffrage préfabriqués.

- **Placer** le ferraillage en assurant la liaison entre les différents éléments horizontaux et les éléments verticaux.

- **Couler** le béton.
- **Vibrer** le béton à l'aide d'un vibrateur en veillant à descendre l'appareil au fond des chaînages verticaux.
- **Aplanir** la surface du chaînage à la truelle.

Matériel

- Niveau, truelle, crayon, mètre, scie, marteau, balayette
- Pelle, balai, seau, bac à mortier
- Échafaudage
- Bétonnière
- Appareil à ligaturer
- Étais, serre-joints

Consommables

- Eau
- Béton
- Blocs ou linteau préfabriqués
- Planches, madriers, tasseaux
- Clous
- Ferraillage préfabriqué, fers à béton, ligatures

EPI

- Vêtement de travail, gants
- Casque, chaussures de sécurité, casque anti-bruit

Les différentes parties d'un ouvrage de maçonnerie

La réalisation des ouvrages en maçonnerie, que ce soit pour construire une façade ou un bâtiment tout entier, utilise divers matériaux tels que le sable, la chaux, les briques et le béton. Le parpaing reste cependant le plus utilisé dans la maçonnerie d'élévation. C'est en les reliant entre eux, à l'aide d'un joint de mortier, que s'élèvent au fur et à mesure les rangées du mur. Et selon la taille du bâtiment ou de la maison, les ouvriers sont donc amenés à travailler en hauteur et doivent installer un échafaudage.

Des termes techniques désignent chaque partie de l'ouvrage

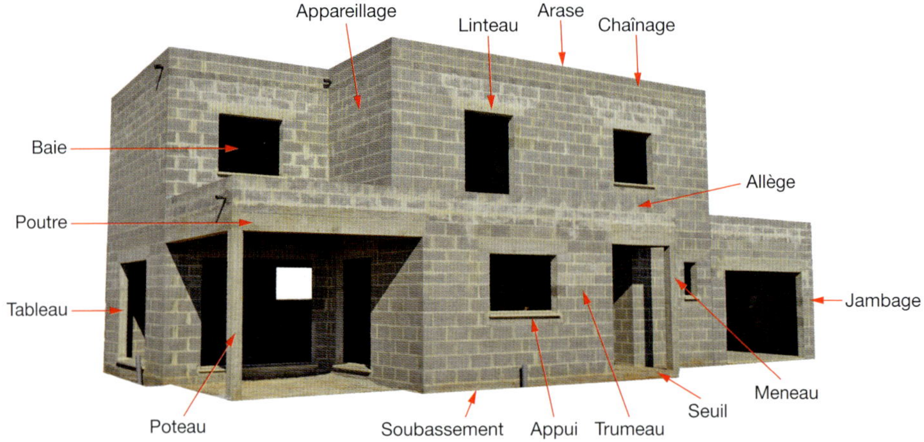

© Fotolia.com

Réglementation concernant la réalisation des ouvrages en maçonnerie :

Norme française : NF DTU 20.1

Un DTU constitue un Cahier des Clauses Techniques types applicables contractuellement à des marchés de travaux de bâtiment.

Le présent document définit les clauses techniques d'exécution d'ouvrages de parois et murs de bâtiments en maçonnerie traditionnelle de petits éléments : murs simples…

Les dispositions du présent cahier des clauses techniques s'appliquent aux ouvrages courants de maçonnerie traditionnelle, notamment :
- les maçonneries porteuses ;
- les maçonneries de remplissage ;
- les maçonneries de façade non porteuses.

CHAPITRE 3

Réaliser des ouvrages horizontaux et verticaux en béton

© Fotolia.com

Ouvrage en béton

Activité 11 Réaliser un poteau en béton armé

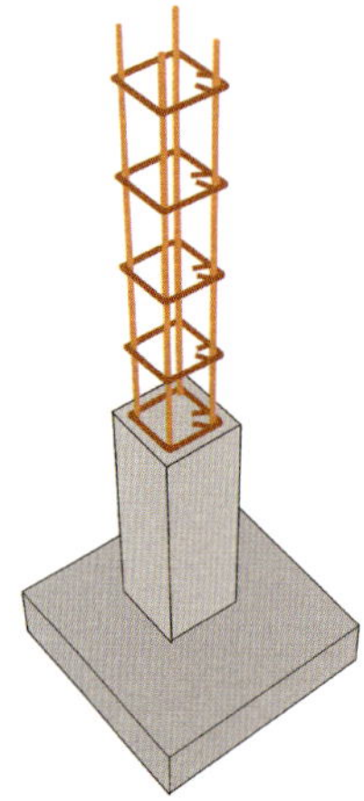

Le poteau en béton supporte les charges verticales. Ces poteaux ont une fonction de chaînage vertical et contribuent à la stabilité de la construction.

Les poteaux en béton ont une armature métallique incorporée.

Ils constituent les points d'appui et les éléments porteurs de l'ossature et supportent les charges.

Ils servent de support aux poutres, aux linteaux et aux planchers.

Les efforts exercés sur le poteau sont des efforts de compression, mais ils doivent également supporter des efforts horizontaux et obliques, donc de flexion, c'est pourquoi l'armature est composée de barres longitudinales et de cadres en armature transversale. Éventuellement des étriers viennent compléter le dispositif.

Dans un pavillon, on peut trouver trois sortes de poteaux BA (Béton Armé) :
- poteau isolé ;
- poteau incorporé dans l'épaisseur d'un mur de parpaings ;
- en extrémité d'un mur de blocs.

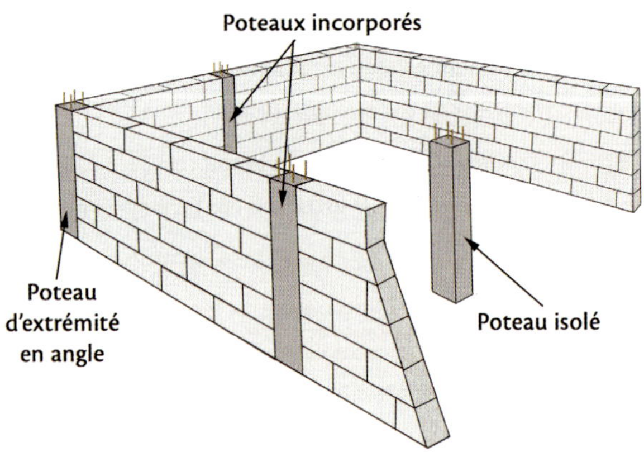

MODE OPÉRATOIRE

Réaliser un poteau en coffrage traditionnel

- **Implanter** le poteau au sol en fonction des aciers en attente dans la semelle des fondations.

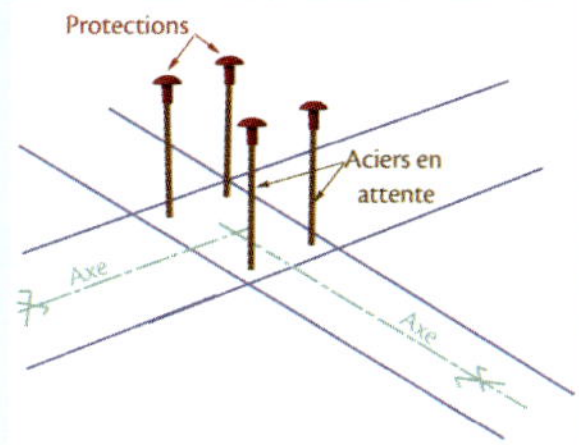

- **Mettre en place** l'armature du poteau et la ligaturer avec les aciers en attente.
  ➟ **Voir** *fiche technologie associée n° 15 : comment réaliser le ferraillage d'un poteau ?*

- **Contrôler** le recouvrement et la position des distanciers.

> ⚠ L'épaisseur d'enrobage est réglée à l'aide de cales (distanciers) en matières plastiques pour armatures choisies en fonction de leur hauteur et du diamètre d'aciers à mettre en œuvre.

- **Réaliser** les panneaux de coffrage.

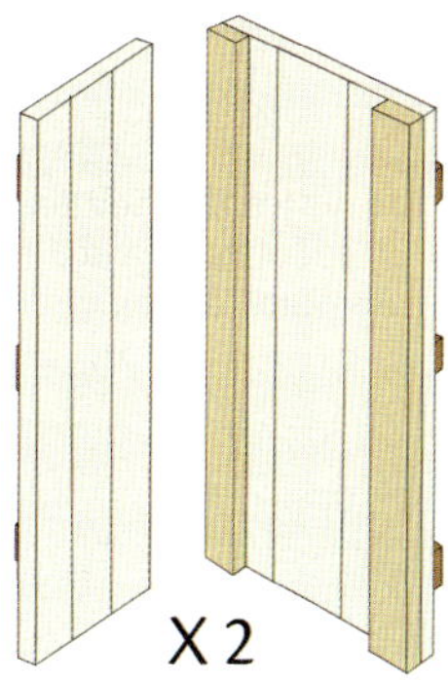

- **Huiler** les panneaux avant montage.

- **Coffrer, serrer et contreventer.**

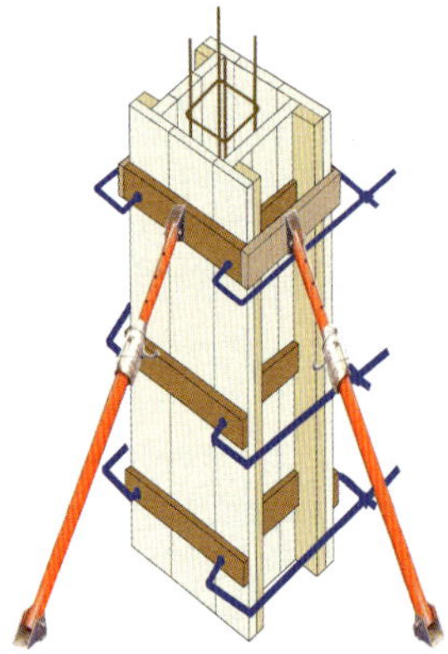

> Avant bétonnage, vérifier la stabilité de l'ensemble, la rigidité du coffrage, la qualité des enrobages, du béton et faire un essai de fonctionnement du vibrateur.

- **Couler** le béton et **vibrer** par tronçon jusqu'à remplissage.

> Sur un ferraillage dense, utiliser une aiguille de Ø 32 mm maxi, sinon vibrer par l'extérieur.

- **Vérifier** régulièrement la bonne tenue du coffrage.
- **Décoffrer** après durcissement.
- **Nettoyer** le coffrage et **vérifier** son état.

Vibrateur

> Un coffrage traditionnel bien conçu permet un décoffrage aisé, un gain de temps et un réemploi facile.

Matériel
- Plateforme de travail sécurisée, étais, serre-joints
- Pelle, balai de cantonnier, seau, balayette, outillage du maçon, niveau de chantier

Consommables
- Bois de coffrage, béton, armature, fil à ligature
- Eau

EPI
- Vêtement de travail
- Casque de protection
- Lunettes anti-projections
- Gants
- Chaussures de sécurité
- Casque anti-bruit

Réaliser un poteau en coffrage outil

Le coffrage outil est justifié dans le cas de chantiers importants et de travail répétitif.

Le coffrage outil est un panneau banche avec raidisseurs métalliques et peau de coffrage en contreplaqué.

La passerelle de travail est incorporée au système ainsi que ses moyens d'accès.

Les tiges entretoises et/ou les dispositifs de fermeture doivent être accessible depuis le sol et la plateforme de travail.

Les coffrages doivent répondre aux exigences de la norme NP 93-350 relatives à la stabilité du vent.

➠ **Voir** *fiche technologie associée n° 16 : comment est constitué un coffrage outil ?*

- **Implanter** le poteau au sol en fonction des aciers en attente dans la semelle des fondations.
- **Mettre en place** l'armature du poteau et la **ligaturer** avec les aciers en attente.
- **Contrôler** le recouvrement et la position des distanciers.
- **Préparer** un panneau.
- **Déposer** le panneau sur des bastaings pour le montage.
- **Préparer** un deuxième panneau et **insérer** les clés de manutention.
- **Déplacer** le deuxième panneau vers le premier avec une grue.

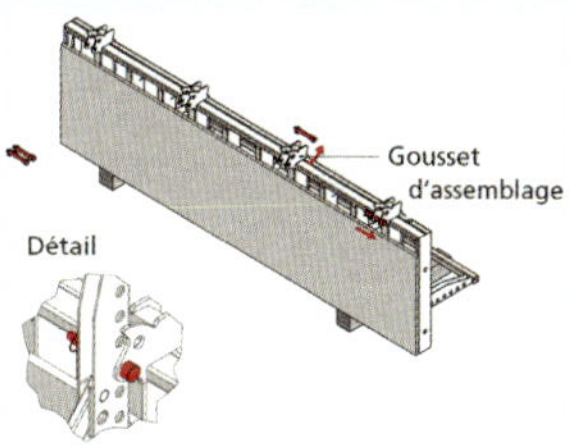

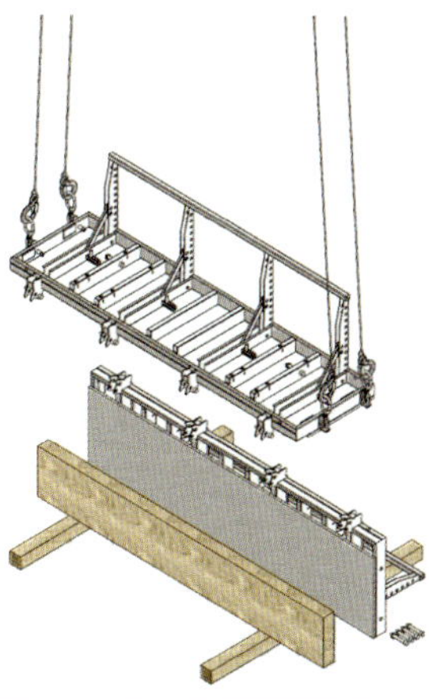

© MEVA

⚠ Pour une section de poteau de 30 cm x 30 cm, le support doit être surélevé de 30 cm de hauteur.

- **Raccorder** les deux panneaux et fixer les éléments de sécurité.

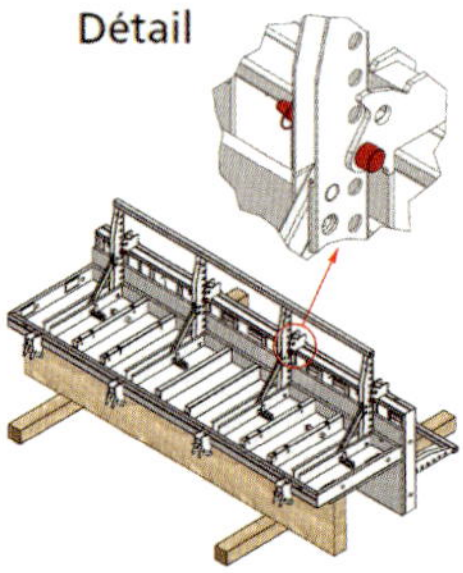

- **Fixer** les étais.

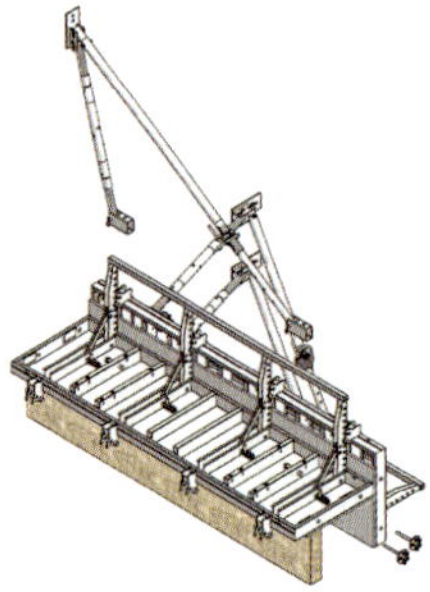

- **Assembler** les deux autres panneaux sans mettre d'étais.

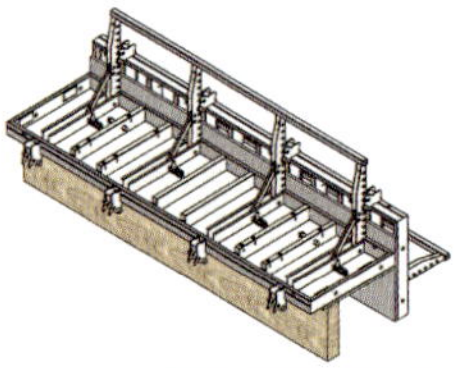

- **Monter** la plateforme de bétonnage et l'échelle d'accès.

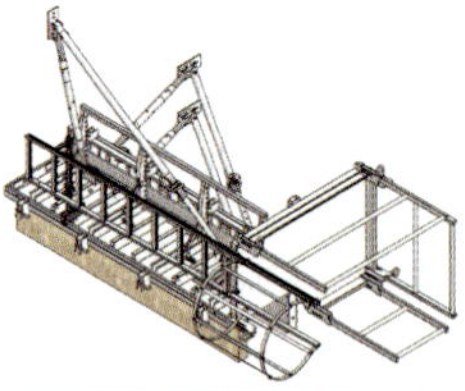

- **Relever** l'ensemble à l'aide de la grue.

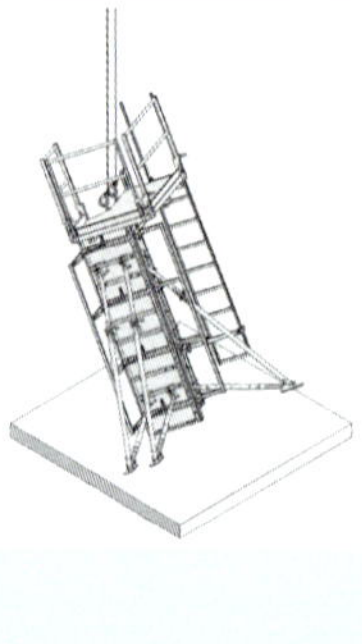

- **Amener et fixer** les 2 autres côtés.

Attention, l'utilisation de la grue demande beaucoup de vigilance pour les personnes œuvrant sur le chantier.

Le port du casque est plus que jamais obligatoire.

- **Placer** le coffrage sur le ferraillage, **vérifier** sa position et **fixer** les étais au sol.
- **Couler** le béton et **vibrer** par tronçon jusqu'au remplissage.
- **Décoffrer** après durcissement.
- **Nettoyer** le coffrage et **vérifier** son état.
- **Ranger** tous les éléments en veillant à la bonne organisation du chantier.

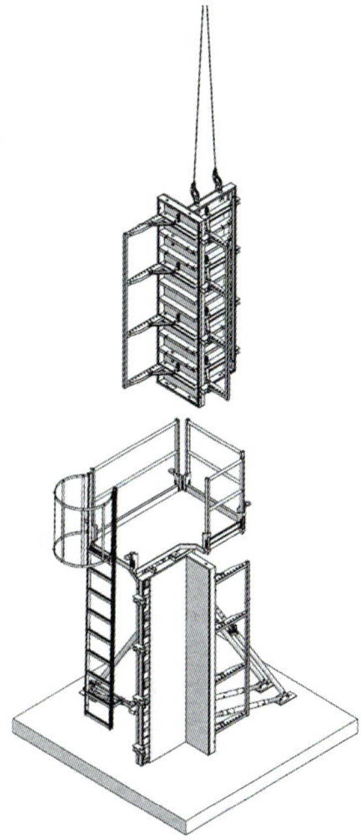
© MEVA

Attention, la stabilité du coffrage doit être assurée !

La fixation des étais doit s'effectuer avec des chevilles pour charges lourdes.

Matériel

- Coffrage outil et ses accessoires
- Outillage selon notice
- Pelle, balai de cantonnier, seau, balayette, outillage du maçon, niveau de chantier

Consommables

- Béton, armature, fil à ligature
- Eau

EPI

- Vêtement de travail
- Casque de protection
- Lunettes anti-projections
- Gants
- Chaussures de sécurité
- Casque anti-bruit

FICHE N° 15 : comment réaliser le ferraillage d'un poteau ?

Le béton armé est un matériau particulièrement résistant aux charges.
Néanmoins, les poteaux sont des éléments très élancés (hauteur importante par rapport à la section) qui peuvent se déformer sous le poids de la partie supérieure de la construction. Il est donc nécessaire de renforcer le béton par des armatures. La déformation peut se produire à droite ou à gauche de l'axe. Les armatures doivent donc être réparties de part et d'autre de cet axe.

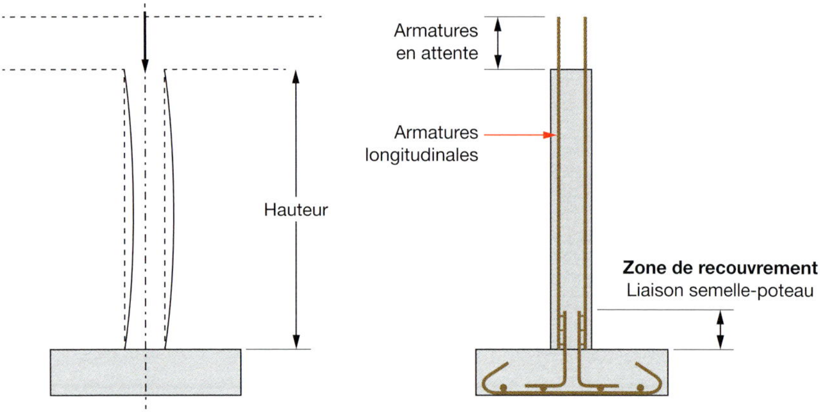

Une autre déformation peut encore se produire : les armatures longitudinales risquent à leur tour de se déformer sous l'effet des charges verticales et de provoquer l'éclatement du béton. Les armatures longitudinales doivent être maintenues par des armatures transversales.

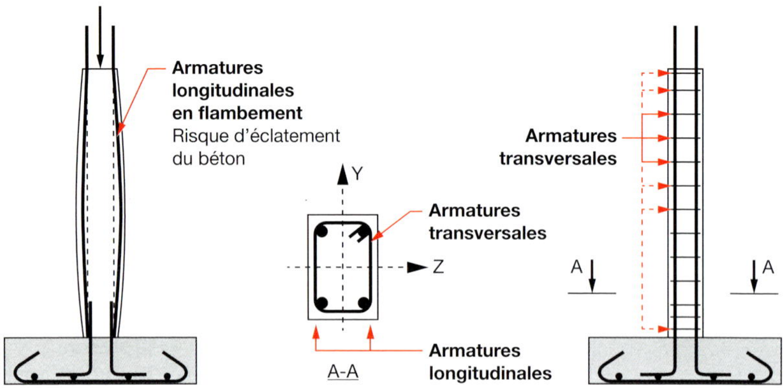

FICHE N° 16 : comment est constitué un coffrage outil ?

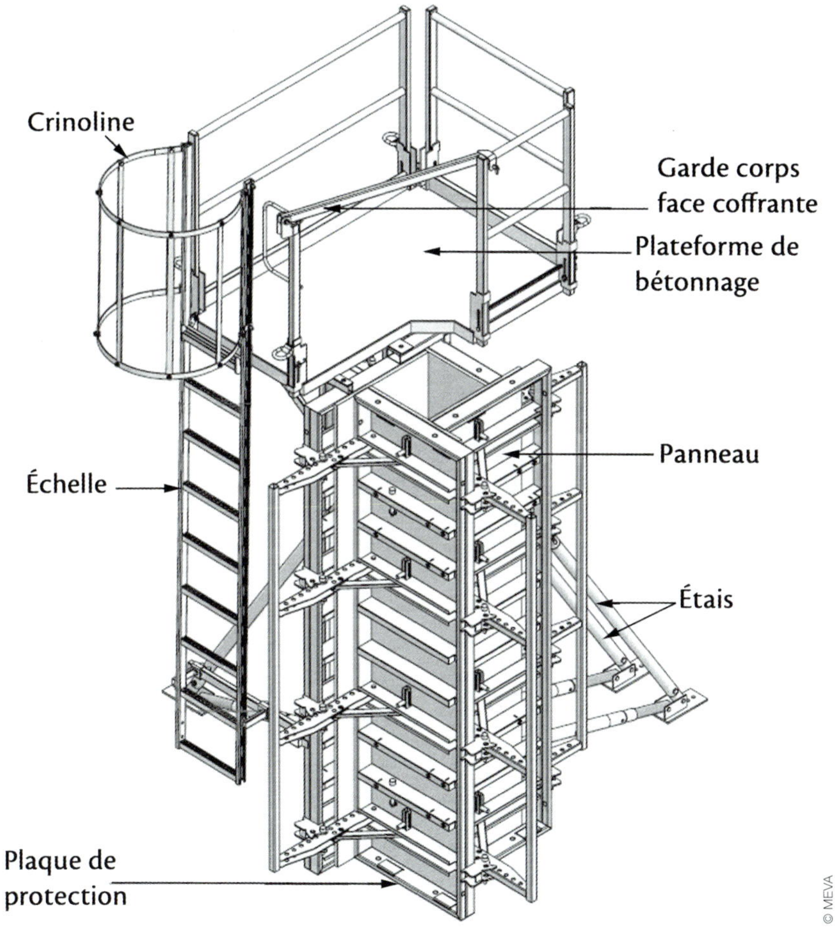

Réaliser un poteau en coffrage carton

Le coffrage non réutilisable en carton permet une mise en place rapide sur le chantier. Il permet également de réaliser des poteaux cylindriques.

- **Implanter** le poteau au sol en fonction des aciers en attente dans la semelle des fondations.
- **Mettre en place** l'armature du poteau et la ligaturer avec les aciers en attente.
- **Contrôler** le recouvrement et la position des distanciers.
- **Placer** le coffrage.

> Attention de ne pas endommager la surface interne du coffrage lors de sa mise en place.

- **Maintenir** le coffrage à l'aide de cadres de bois, d'une tour d'échafaudage ou d'autres supports.
- **Couler** le béton.
- **Vibrer** les coffrages à l'aide d'une aiguille vibrante.

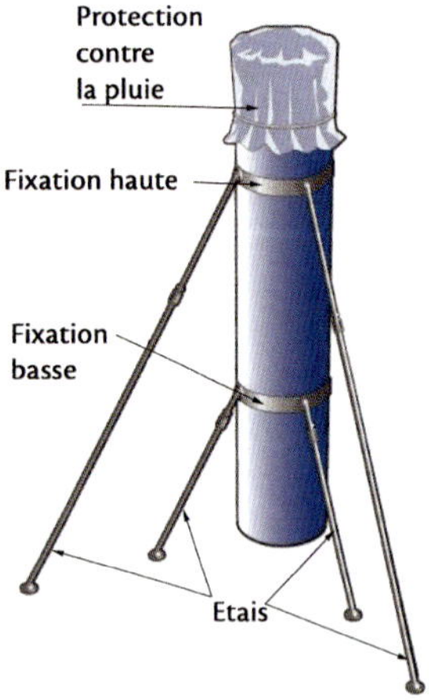

© Sonotube

> Attention : ne jamais vibrer le béton par l'extérieur.

- **Décoffrer** lorsque le béton est sec à l'aide d'un outil tranchant ou par l'arrachement manuel du carton.

> La protection des opérateurs se fera au moyen d'un échafaudage de pied. Les règles de stabilité conformes à la notice du constructeur doivent être respectées. Une protection face avant contre le risque de chute de personnes est obligatoire.

Activité 12 Réaliser une poutre en béton armé

Une poutre est un élément de construction horizontal qui supporte les charges et les retransmet aux poteaux.
Comme pour les poteaux, les poutres doivent être armées pour supporter les charges.
Elles peuvent être obtenues en réalisant un coffrage mais elles existent également préfabriquées.

Une poutre en béton armé peut remplacer un mur intérieur de refend. Cela permet d'agrandir les pièces tout en supportant les planchers.
Elle peut prendre appui sur les murs (façades, refends) ou sur des poteaux en béton.
Les appuis peuvent être simples ou encastrés aux 2 extrémités.
Mais certaines poutres, appelées poutres consoles, ne sont encastrées que sur une seule de leurs extrémités.
La liaison des poutres avec ses appuis est indispensable.

Les différents types de poutre dans un bâtiment sont les suivants :

- **la poutre béton armé avec retombée** : sa section a une hauteur plus grande que l'épaisseur de la dalle. Une retombée est apparente sous le plafond ;
- **la poutre BA noyée** : sa section a une hauteur égale à l'épaisseur de la dalle. Aucune retombée n'est nécessaire ;
- **la poutre BA avec rehausse** : sa section a une hauteur plus grande que l'épaisseur de la dalle mais elle est à ras de plafond. Le complément de hauteur de poutre se retrouve sur le plancher haut, généralement comme base d'un mur intérieur.

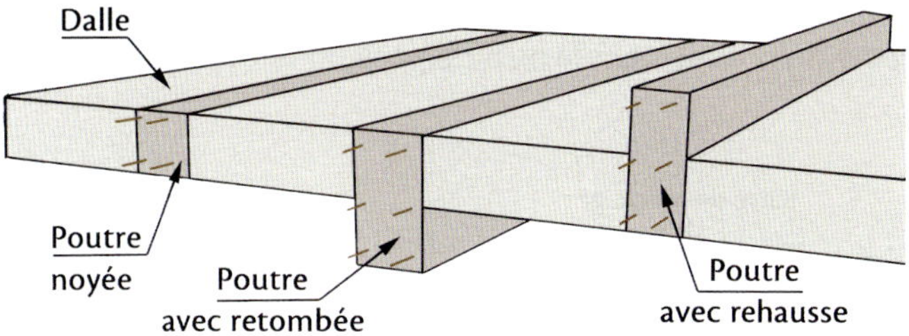

MODE OPÉRATOIRE

Réaliser une poutre en coffrage traditionnel

- **Préparer** le chantier : matériel, outillage, consommables pour coffrage et pour ferraillage.
- **Réaliser** le coffrage en respectant les dimensions.

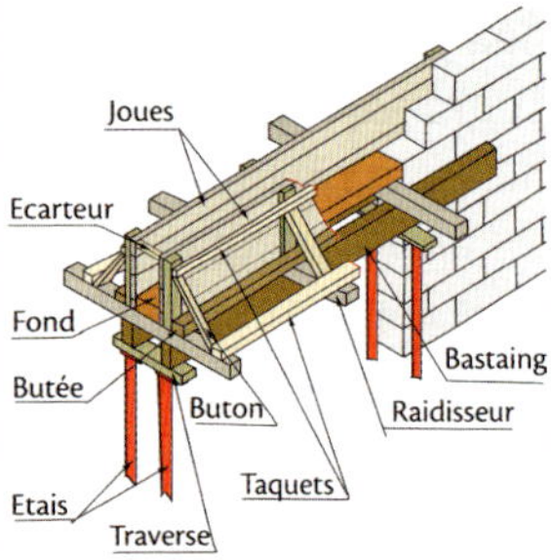

- **Huiler** le coffrage avant de poser les armatures.
- **Positionner** avec application le châssis d'armatures avec des cales à béton et/ou des distanciers appropriés.

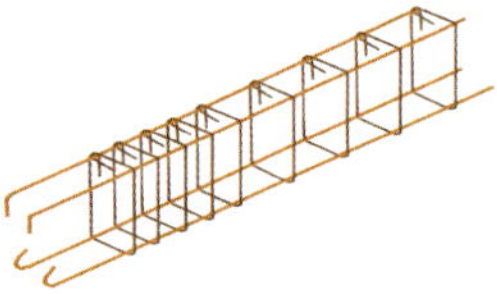

- **Réaliser** le cintrage des aciers chapeau et barres de recouvrement.

➟ **Voir** *fiche technologie associée n° 17 : comment cintrer le fer à béton ?*

- **Positionner** les aciers chapeau et les éventuelles barres de recouvrement en respectant le plan de pose du ferraillage.

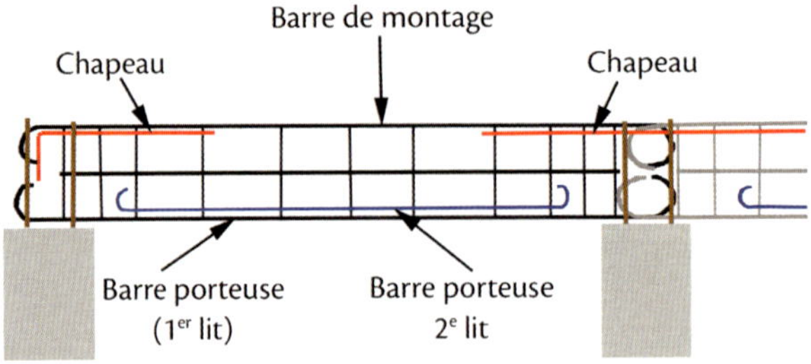

- **Vérifier** le coffrage et la position du ferraillage.

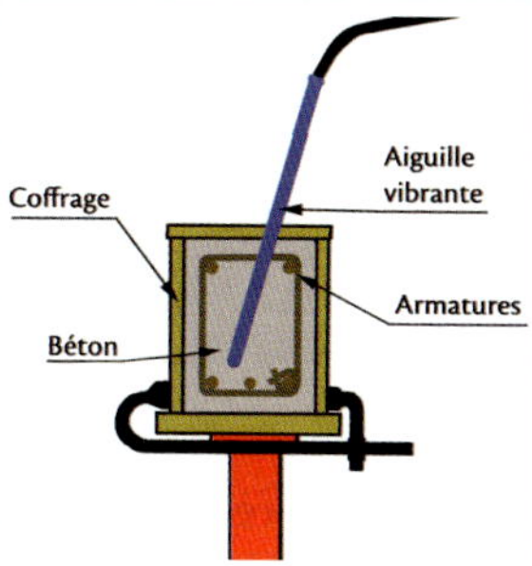

> **Attention**
> Les mailles formées par les armatures longitudinales, aciers chapeaux, renforts, et armatures transversales doivent permettre lors du bétonnage le libre passage de l'aiguille vibrante.

- **Couler** le béton malaxé en centrale ou sur chantier.

➠ **Voir** *fiche technologie associée n° 18 : comment choisir un béton conforme à la norme ?*

- **Décoffrer** les joues dès durcissement du béton.
- **Laisser** le système d'étaiement en place.

> Attention au durcissement apparent du béton. Cet état est assez rapide, mais la résistance maximale ne s'obtient qu'à partir de 28 jours.

Matériel
- Poste de bétonnage équipé, vibreur, outillage du coffreur et du ferrailleur
- Pelle, balai de cantonnier, seau, balayette
- Brouette

Consommables
- Eau, liant, granulats
- Fer à béton, fil de fer
- Bois de coffrage, cales à béton

EPI
- Vêtement de travail
- Casque de protection
- Lunettes anti-projections
- Gants
- Chaussures de sécurité
- Casque anti-bruit

FICHE N° 17 : comment cintrer le fer à béton ?

Utilisation d'un banc de pliage

Le banc de pliage est une méthode valable pour des cintrages occasionnels à réaliser en complément sur des chantiers dans le cas de coffrages isolés.

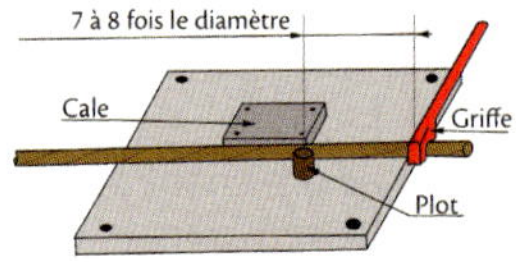

Exemple de réalisation d'un étrier en fer à béton

Après avoir déterminé la longueur de coupe de la barre nécessaire, la première opération consiste à réaliser le premier crochet à l'aide de la griffe.

1
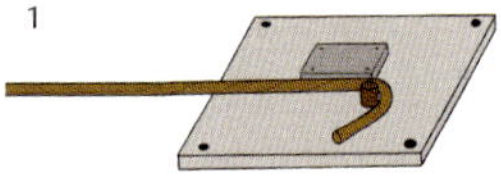

La barre est glissée sur une distance égale à la largeur de l'étrier puis on plie la barre en angle droit.

2
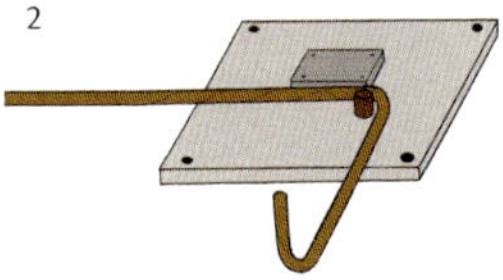

On glisse ensuite la barre de la longueur de l'étrier et on plie de nouveau en angle droit.

3
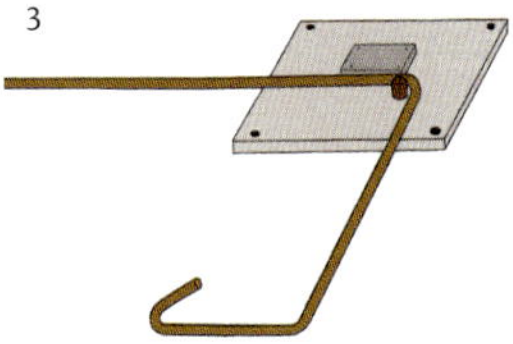

Il reste à avancer la barre sur une distance égale à la largeur et plier une dernière fois à 90°.

4
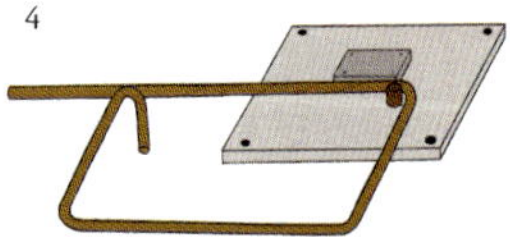

Pour réaliser le dernier crochet il faut retourner l'étrier et tirer la griffe de façon à ce que ce dernier crochet glisse sur le premier crochet.

5
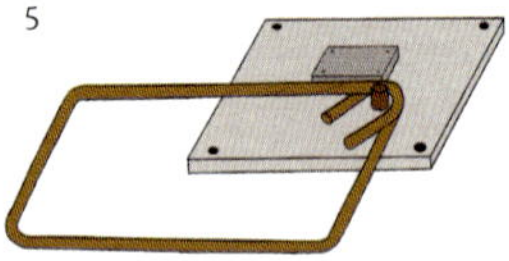

Cette méthode est empirique. Il est préférable d'utiliser une cintreuse électrique adaptée aux différents diamètres de barre. En effet le rayon de cintrage est à respecter en fonction du diamètre des barres que vous devez façonner. Des désordres de type fissures et/ou microfissures peuvent apparaître au niveau des crossages, ce qui a pour effet de diminuer fortement la résistance des ouvrages.

FICHE N° 18 : comment choisir un béton conforme à la norme ?

La construction d'éléments en béton doit respecter des conditions de qualité et de solidité à toute épreuve. C'est pourquoi la réglementation a défini des conditions à respecter qui sont indiquées dans un document officiel appelé Norme NF EN 206/CN, publié en décembre 2014. La norme est la référence qualité du métier.
Elle s'applique à tous les bétons de structure (aux structures coulées en place, aux structures préfabriquées, aux éléments de structure préfabriqués pour bâtiments et structures de génie civil).
Elle définit entre autres une terminologie présentée sur l'organigramme ci-dessous :

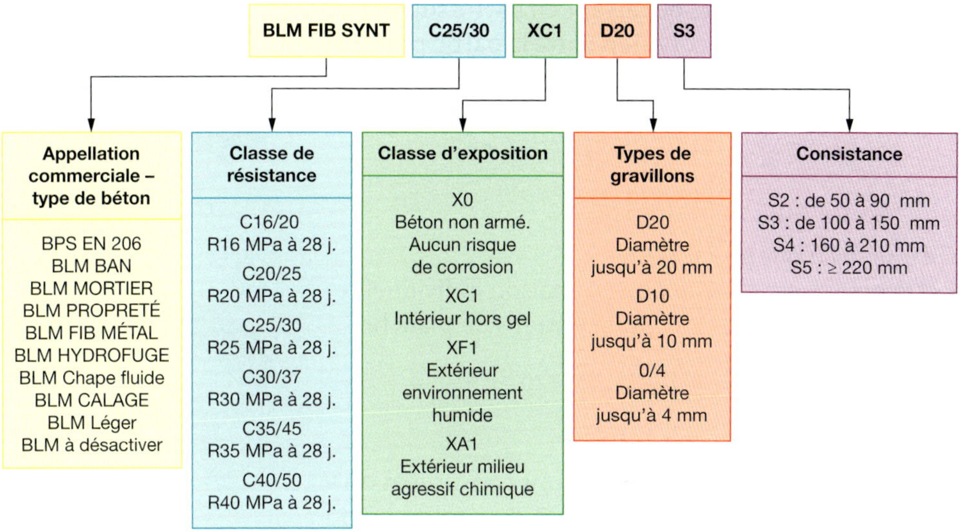

Les bétons utilisés sur un chantier doivent être conformes aux spécifications de la norme.

Le béton prêt à l'emploi est une garantie de qualité constante.
Le fonctionnement d'une centrale à béton assure la gestion et le suivi de chaque étape de la production optimisant le procédé et garantissant une parfaite fiabilité de la production.

Activité 13 Mettre en place une poutre préfabriquée

Sur certains chantiers de construction le choix d'utiliser des poutres ou longrines préfabriquées est dicté par des contraintes techniques, économiques et de délais d'exécution.
La poutre ou longrine préfabriquée est bien adaptée à une exécution rapide et une grande souplesse architecturale. Cette technique est intéressante sur le plan économique.

Poutre PBSE (Poutre Béton Standard Enrobée)

Les cadres triangulaires dépassant en partie supérieure assurent une parfaite cohésion entre la partie préfabriquée et le béton coulé sur place ; de plus ils facilitent la pose de poutrelles préfabriquées.

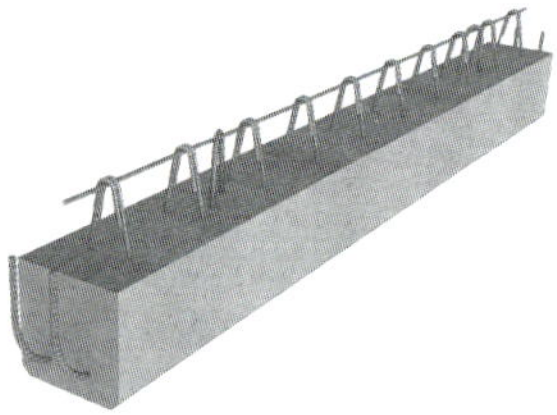

Poutre MPE manu-portable

C'est un élément préfabriqué.
Cette poutre est conçue pour la maison individuelle.
Elle s'adapte à toutes les configurations de plancher.

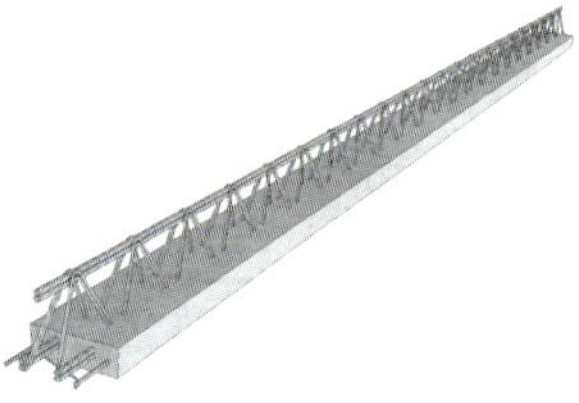

Poutres légères pré-enrobées

Les poutres légères pré-enrobées sont constituées d'armatures treillis raidisseurs enrobées d'un talon béton de 5 cm d'épaisseur.

Coffre planche (ou coffrage perdu)

Le coffre planche est à utiliser comme fond de coffrage pour la réalisation d'éléments porteurs tels que linteaux ou poutres.
Il évite le coffrage/décoffrage en sous-face mais nécessite impérativement la réalisation d'un ferraillage porteur au-dessus.

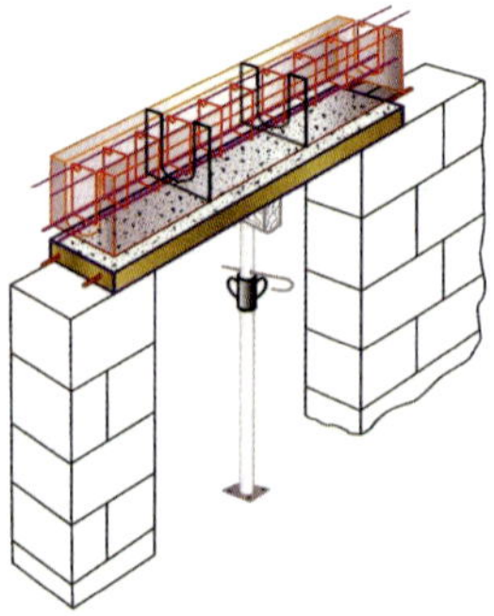

Mettre en place une poutre préfabriquée

- **Préparer** le chantier : matériel, consommables, éléments de sécurité, etc.
- **Préparer et régler** en tête de mur un système de réglage en hauteur de l'appui.

- **Vérifier** la position des aciers du poteau ou des aciers en attente. Ceux-ci doivent permettre le passage des aciers de la poutre.

> ⚠ Dans le cas où les aciers en attente empêchent le passage de la poutre, prévenir immédiatement le chef de chantier avant toute intervention sur les aciers.

- **Positionner** provisoirement sur la poutre les aciers chapeaux à l'intérieur des cadres.
- **Élinguer** sur les boucles de levage de la poutre.

> ⚠ Il est interdit d'élinguer sur le ferraillage.
> Les élingues doivent respecter l'angle maximum de 60° et correspondre à la charge à lever.

- **Vérifier** le sens de pose.
- **Poser** la poutre sur ses appuis. Les appuis sur la maçonnerie doivent être de 5 cm minimum sinon **placer** un étai à 20 cm de l'appui.

© Fimurex Pantz

- **Étayer** la poutre avant de décrocher les élingues.

- **Positionner** définitivement les aciers chapeau et relier les aciers en attente poutre – poteau.
- **Coffrer** le clavetage de la poutre aux deux extrémités.

⚠ Avant bétonnage, vérifier la tenue du coffrage, la qualité des enrobages, la rigidité des armatures, la bonne tenue de l'étaiement.

- **Couler** le clavetage avant la pose des planchers. C'est une phase très importante pour la résistance de la structure.
- **Vérifier** l'étaiement et l'ensemble des travaux.
- **Remettre** le poste de travail en état et **ranger** le matériel.

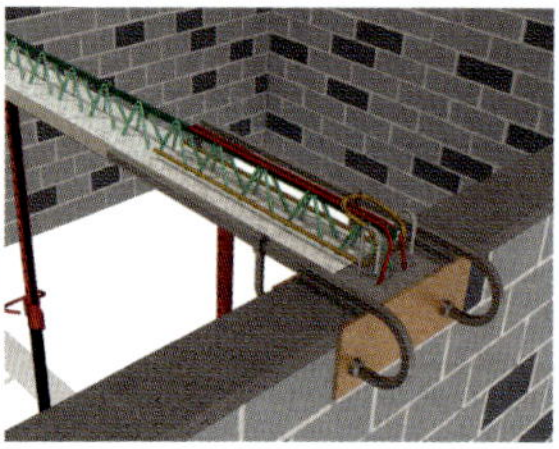

Matériel

- Engin de levage, plateforme de travail, étais, serre-joint
- Pelle, balai de cantonnier, seau, balayette, outillage du maçon, niveau de chantier

Consommables

- Bois de coffrage, béton de clavetage
- Eau
- Fer à béton

EPI

- Vêtement de travail
- Casque de protection
- Lunettes anti-projections
- Gants
- Chaussures de sécurité
- Casque anti-bruit

Activité 14 Réaliser un voile en béton armé

Le voile en béton armé est appelé aussi voile en béton banché.
Ce sont des ouvrages verticaux qui nécessiteront l'utilisation d'un coffrage appelé « banche ». Ce type de coffrage permettra l'obtention de la forme à l'endroit précis où l'on désire implanter l'ouvrage.
Les voiles de façade et de pignon, qui peuvent être affectés par la fissuration du béton, doivent avoir une épaisseur minimale d'au moins 15 cm.

© www.hussor.com

En France ce procédé d'exécution est soumis au DTU 21 « Exécution d'ouvrages en béton ».
En fonction de leur destination, les bétons des voiles doivent aussi répondre aux exigences de la norme NF 206-1.

Les bétons peuvent être armés : les ferraillages vont augmenter la résistance des murs aux sollicitations subies.
Les treillis et les autres armatures (renforts, chaînages, chapeaux...) doivent être positionnés suivant les plans et ne pas se déplacer lors de l'opération de bétonnage.

© Stock photos

Les armatures pour voile béton armé peuvent être :
- préfabriquées en usine puis livrées sur le chantier ;
- livrées coupées, façonnées et assemblées sur le site ou directement dans le coffrage.

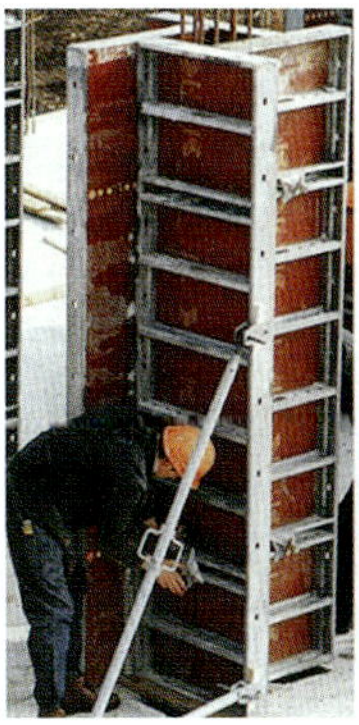

© Brand France

Réaliser un voile en béton banché

Préparation et manutention

- **Préparer** une aire plane et propre afin de réceptionner le matériel de coffrage.
  - ➟ **Voir** *fiche technologie associée n° 19 : comment est composée une banche ?*

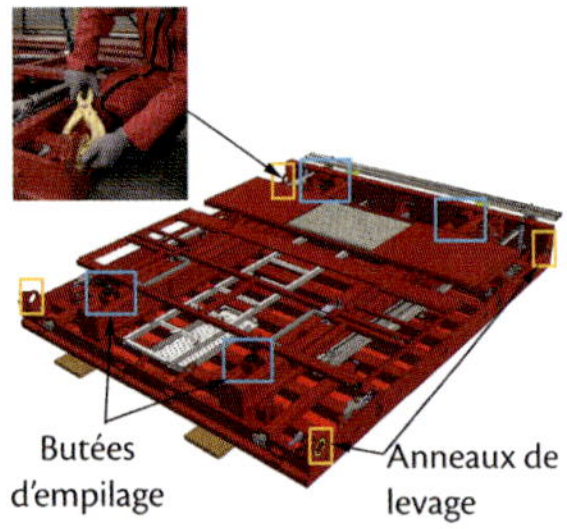

- **Élinguer** en veillant à respecter les points d'accrochage préconisés par le constructeur.

- **Positionner** correctement au sol les bastaings ou poutrelles pour ne pas abîmer la peau coffrante des banches. Les bastaings seront perpendiculaires aux raidisseurs des banches.
- **Vérifier et contrôler** la qualité et la quantité de matériel.

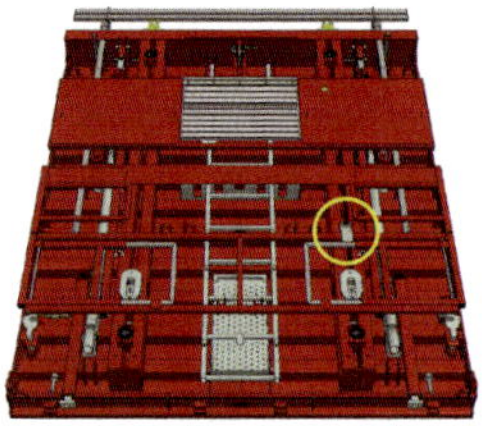

- **Monter** si besoin le matériel suivant la notice du constructeur.
- **S'assurer** avant chaque utilisation que le matériel est complet et en bon état.

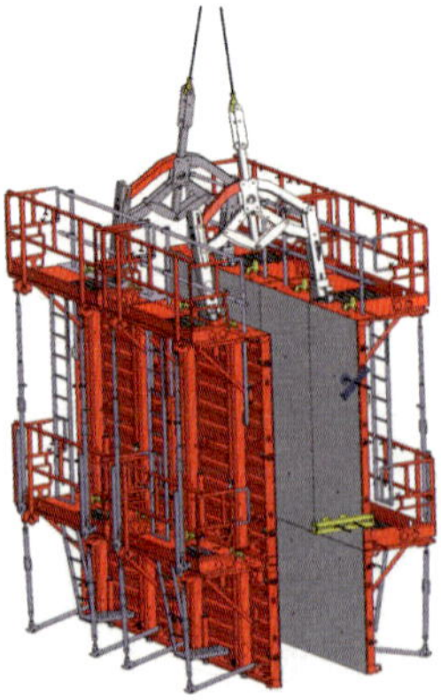

- **Lever les banches et s'assurer** avant toute utilisation de leur stabilité en utilisant plots ou compas.

- **Assurer** la parfaite propreté de la face coffrante puis, équipé d'EPI adaptés, **huiler** la peau de coffrage.

- **S'assurer** que la zone de réception est propre et prête à recevoir le matériel de coffrage.
- **Élinguer** la banche avec des élingues adaptées et en respectant les points de levage. L'angle idéal de l'élingue est de 60°, le maximum autorisé est de 90°.

Implantation

- **Tracer** au sol et au trait bleu l'encombrement du voile à partir de l'axe de référence. Contrôler les tracés et les équerrages.
- **Tracer** au sol les ouvertures et l'encombrement des huisseries et **contrôler**.

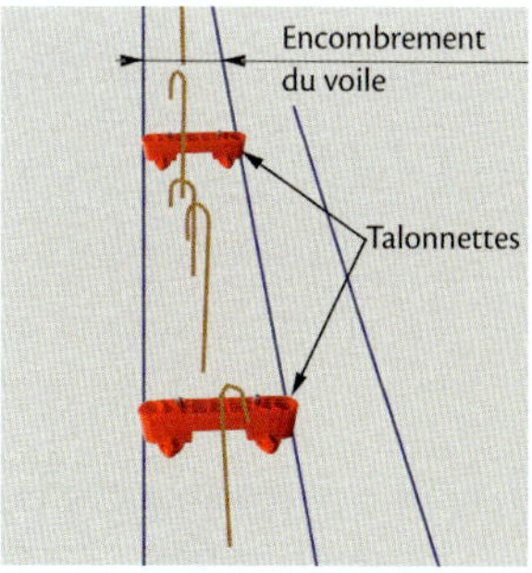

- **Contrôler** les aciers en attente. Si ceux-ci sont mal positionnés, avertir le bureau d'étude qui vous donnera la démarche à suivre.
- **Poser** les talonnettes plastiques ou ciment. Elles assureront le bon positionnement du voile. **INTERDICTION** d'utiliser des taquets bois ou métalliques.
- **Lors de l'implantation il est possible** de tracer l'arrière du voile de la banche. Cela permettra de visualiser l'emplacement lors de la pose de la banche.
- **Tracer** au sol le calepinage des banches. Un mauvais calepinage peut entraîner des problèmes de mise en œuvre avec les mannequins et les armatures.

Coffrage de la 1re banche (1re peau)

- **Nettoyer** la zone de réception des banches.
- **Positionner** les dispositifs de stabilité (plots béton). Pour plus de précisions, voir la recommandation R399 de la CNAMTS du 19/06/2003.
- **Faire lever** la banche par l'engin de levage. Ne pas stationner sous la charge.
- **Communiquer** par gestes ou radio avec le grutier.
- **Réceptionner** la banche qui est amenée par la grue et la poser par rapport aux tracés (implantation et calepinage).

- **Stabiliser** la banche grâce aux plots béton.
- **Décrocher** la banche de la grue.
- **S'assurer** avant toute utilisation de la stabilité des banches puis **ripper** à la barre à mine pour ajustement fin.

- **Régler** horizontalement et verticalement.
- **Repérer** le trait de niveau et si besoin **contrôler**.

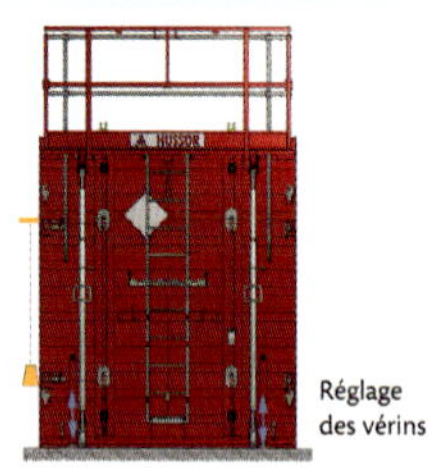

- **Tracer** sur la banche le niveau, l'about de voile, l'arase et les réservations.
- **Positionner** mannequins, réservations, règles d'arase et about de voile suivant l'implantation demandée.
- **Contrôler** visuellement l'ensemble des travaux.

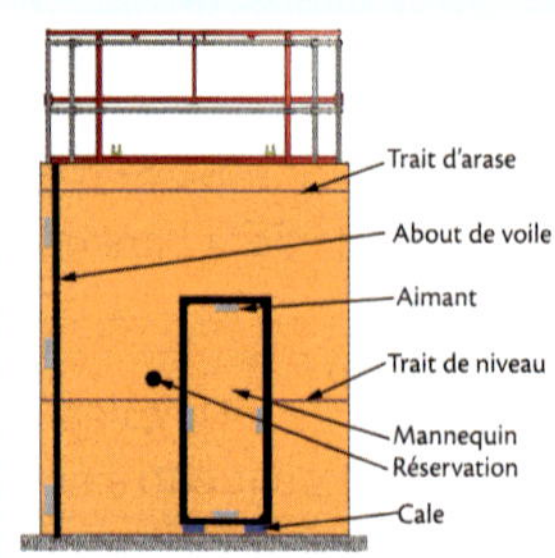

Réalisation du ferraillage

- **S'assurer** que la zone de stockage des aciers est ordonnée, propre et que les accès sont libres.
- **Manutentionner** les armatures à l'aide de crochets adaptés. Ne jamais lever les treillis soudés par les ligatures (fils en acier doux appelés tortillards).
- **Ferrailler** en suivant les plans de ferraillage.

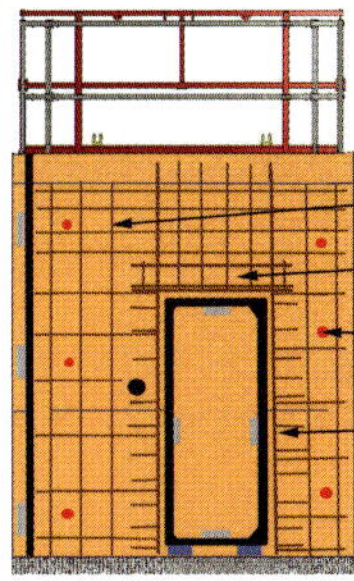

© www.hussor.com

- Le recouvrement de deux barres est de 40 x Ø.
- Le recouvrement de 2 plaques de treillis soudés est de 2,5 mailles.
- Le treillis soudé est placé côté extérieur du voile.
- Le plan de ferraillage précise le type d'acier, la quantité, la position et le façonnage.
- L'enrobage à respecter est donné par les plans, généralement de 1,5 à 5 cm.
- Si les tiges de serrages ne passent pas, déplacer les aciers de quelques centimètres. Les aciers principaux d'une armature ne doivent jamais être coupés ou supprimés.
- Protéger les aciers en attente.
- Utiliser un échafaudage dès qu'on a besoin de quitter le sol.
- L'échelle n'est pas un échafaudage mais un moyen d'accès aussi son utilisation est-elle interdite en tant que poste de travail en hauteur.

- **Positionner** les cônes d'écartement.

© Cofrasud

- **Contrôler** visuellement l'ensemble du ferraillage.

Fermeture de la 2e face coffrante

- **Nettoyer** le sol de tout déchet.
- **Huiler** le panneau en ayant pris soin de porter les équipements de protection.
- **Approcher** la face coffrante du panneau déjà en place.

- **Ripper** à la barre à mine le pied du panneau jusqu'à ce qu'il touche les talonnettes.
- **Régler** le panneau d'aplomb et ajuster latéralement pour enfiler les tiges de serrage.
- **Effectuer** un serrage méthodique. Le serrage s'arrête lorsque la face coffrante touche les cônes. Contrôler visuellement que les cônes ne s'écrasent pas.
- **Détacher** la banche de la grue.
- **Régler** l'aplomb et l'alignement sur la première face coffrante. L'aplomb sera vérifié sur les extrémités et l'alignement sera réglé au cordeau.

- **Vérifier** que tous les vérins intermédiaires touchent le sol.

Réalisation du bétonnage

- **Préparer et vérifier** que l'aiguille vibrante et ses accessoires fonctionnent correctement.
- **Choisir** le diamètre de l'aiguille en fonction du type d'ouvrage à bétonner (s'il est peu ou très ferraillé).

> À la livraison du béton, le chef de chantier doit contrôler :
> – le bon de livraison ;
> – la plasticité en réalisant un essai d'affaissement au cône d'Abrams.

- **Positionner** la benne à béton au-dessus des banches et descendre la goulotte souple à l'intérieur du coffrage.
- **Bétonner** sur une couche de hauteur d'environ 50 à 60 cm.
- **Déplacer** la goulotte souple au fur et à mesure de l'avancement du bétonnage.
- **Vibrer** le béton en déplaçant le vibreur verticalement de façon régulière.

→ **Voir** *fiche technologie associée n° 20 : comment vibrer un béton de banche ?*

- **Dresser** l'arase à la truelle, au talochon ou à la règle.
- **Poser** les aciers de reprise de bétonnage ou aciers en attente, ainsi que les fourreaux pour la pose ultérieure des protections anti-chute.
- **Effectuer** un contrôle de l'aplomb et de l'alignement de l'ensemble.
- **Nettoyer** les panneaux et les abords du poste de travail. **Nettoyer et ranger** le matériel.

© Médiathèque Lafarge France – Diego Giudice

© Fotolia.com

Réalisation du décoffrage

- **Contrôler** la dureté du béton avant de décoffrer.
- **Libérer** toutes les ligatures provisoires attachées à la banche.
- **Élinguer** les banches à la grue sans les lever.
- **Desserrer et enlever** les barrettes d'about et les tiges de serrage.
- **Désaccoupler** si besoin les panneaux.
- **Desserrer** les béquilles, ce qui a pour effet de décoller les panneaux.

- **Reculer** ou évacuer la deuxième face coffrante.
- **Reculer** la première face coffrante.

- **Déposer** les aimants et les abouts.
- **Évacuer** la première face coffrante.
- **Nettoyer** soigneusement les faces coffrantes et les huiler.

- **Stocker** les banches sur l'aire de stockage.
- **Enlever** les réservations et les mannequins.
- **Soulager** avec des étais les linteaux de grandes portées.
- **Sortir** les cônes enserrés dans le béton.

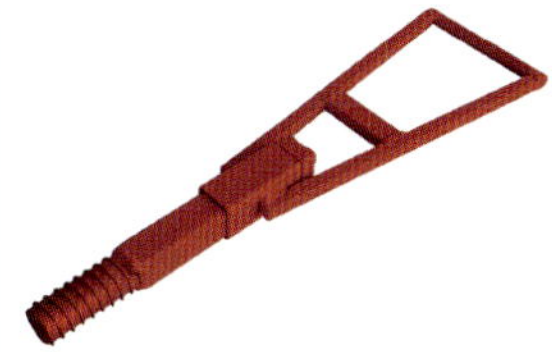

© Cofrasud

Extracteur de cône

L'utilisation des banches expose à des **risques** qu'il faut connaître pour mettre en œuvre des mesures de prévention :
– renversement des coffrages sur des personnes dû au vent ou à des chocs ;
– chocs ou coincement des personnes entre un obstacle et les coffrages lors de la manutention ;
– chutes depuis les passerelles de coffrage ou depuis le plan de travail (périphérie, trémies, etc.) ;
– retombée du coffrage pendant la manutention du fait de la défaillance de l'appareil de levage ou des élingues ;
– blessures lors des manutentions (ferraillages, mannequins, etc.) ou d'efforts physiques (usage de la barre à mine, etc.).

Matériel

- Coffrage industriel et ses accessoires
- Pelle, balai de cantonnier, seau, balayette, fil à plomb aimanté, outillage du maçon, niveau de chantier

Consommables

- Bois de coffrage, béton, armature, fil à ligature
- Eau

EPI

- Vêtement de travail
- Casque de protection
- Lunettes anti-projections
- Gants
- Chaussures de sécurité
- Casque anti-bruit

FICHE N° 19 : comment est composée une banche ?

Une banche (ou panneau coffrant) est constituée d'une peau et de raidisseurs.
Pour son utilisation elle est équipée :

- de pieds et d'étais permettant la stabilité et le réglage ;
- d'une passerelle avec son échelle d'accès permettant le bétonnage en sécurité ;
- de systèmes de liaison permettant la superposition et le raccordement entre panneaux.

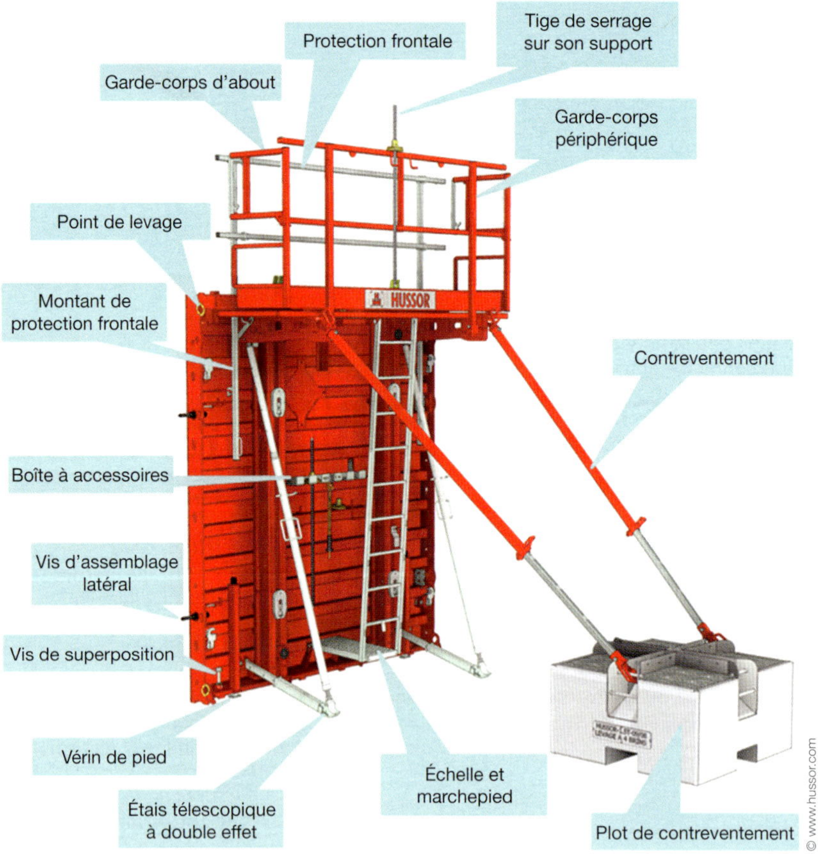

Autres accessoires :

- les tiges de serrage en acier ;
- les entretoises ;
- les compas ;
- les négatifs en bois, en métal, en résine ou en polystyrène appelés mannequins pour les ouvertures ou boîtes pour les réservations de petites dimensions ;
- les aimants qui servent à fixer les « négatifs » ou les abouts sur les peaux de coffrage métalliques.

FICHE N° 20 : comment vibrer un béton de banche ?

Le béton frais doit être vibré pour :

- expulser les bulles d'air du béton ;
- obtenir un matériau homogène et le plus compact (ou serré) possible : minimum d'air, de vide, sans ségrégation ;
- remplir l'intégralité des coffrages et des moules.

Une vibration adaptée apporte :

- une densité du béton plus élevée et donc une faible porosité ;
- une meilleure résistance mécanique ;
- une durabilité du béton plus longue ;
- un remplissage des coffrages optimum ;
- une esthétique des parements correcte ;
- une bonne adhérence béton/armatures.

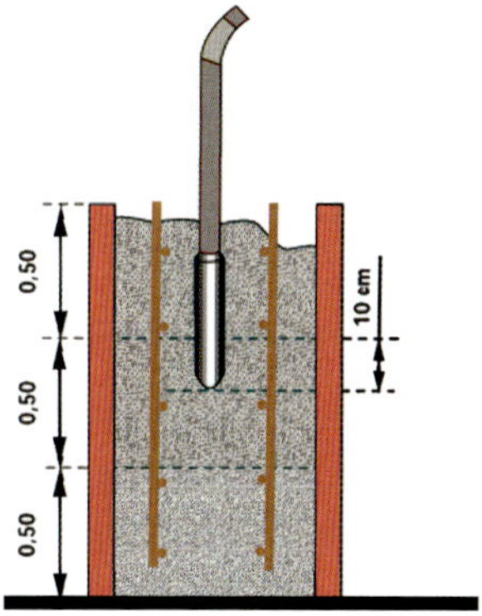

Utilisation d'une aiguille vibrante

Les armatures doivent être conçues de telle sorte que l'on puisse introduire une aiguille vibrante.
Le diamètre de l'aiguille doit être inférieur à la plus petite distance mesurée horizontalement entre 2 armatures.
Dans le cas où le réseau d'armatures est trop dense, il faudra envisager une autre méthode de serrage : le vibrateur externe (masse excentrée fixée à l'extérieur du coffrage et entraînée en rotation par un moteur électrique ou pneumatique).

Pour éviter une ségrégation, il faut limiter le temps de vibration. L'aiguille doit être retirée quand la surface du béton commence à briller (laitance en surface). La durée de remontée de l'aiguille doit être telle que le trou laissé par l'aiguille puisse se refermer complètement.
Le béton peut être vibré tant que, par son poids propre, l'aiguille vibrante descend dans le béton et tant qu'en sortant l'aiguille vibrante, le trou se referme aisément.

Les armatures ou autres éléments noyés ne doivent pas être touchés par l'aiguille vibrante car cela entraîne des défauts de compactage, éventuellement visibles dans la surface décoffrée. De plus, l'adhérence avec l'armature peut être perturbée.
De même la distance entre l'aiguille vibrante et le coffrage doit être suffisante pour éviter, autant que possible, une éventuelle vibration du coffrage.
Un coffrage mis localement en vibration dérangera la cohésion du béton frais à la surface du coffrage et entraînera des ségrégations locales.

Activité 15 Réaliser un plancher, un dallage en béton armé

Plancher : ouvrage horizontal constituant une séparation entre deux niveaux d'une habitation.

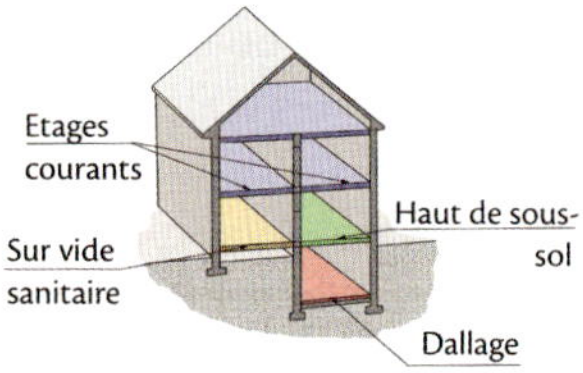

Les planchers en béton existent sous deux formes :

- la dalle en béton coulée en place sur un coffrage (dalle pleine) ou sur une prédalle ;
- le plancher préfabriqué constitué de plusieurs éléments assemblés.

La dalle pleine

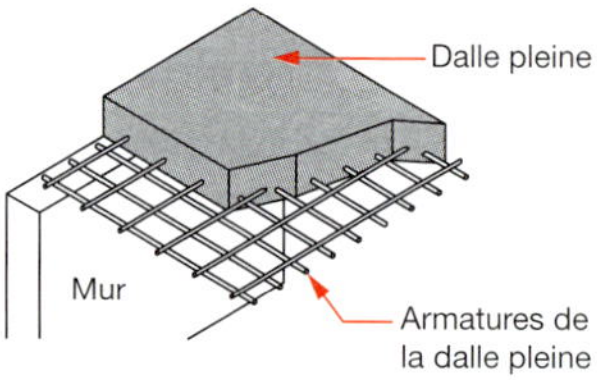

Le plancher est constitué d'une dalle en béton armé de 15 à 20 cm d'épaisseur coulée sur un coffrage plat. Le diamètre des armatures incorporées et leur nombre varient suivant les dimensions de la dalle et l'importance des charges qu'elle supporte.

Ce type de plancher est très utilisé dans l'habitat collectif.

La prédalle

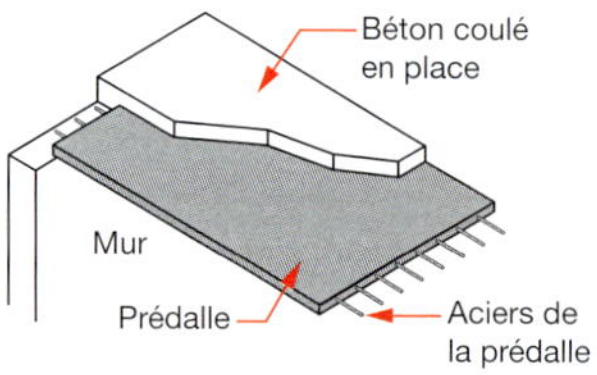

C'est une plaque préfabriquée en béton armé ou en béton précontraint de 5 cm d'épaisseur environ, constituant la partie inférieure du plancher.

La prédalle participe à la résistance du plancher et fait également office d'élément de coffrage en béton.

Le plancher préfabriqué

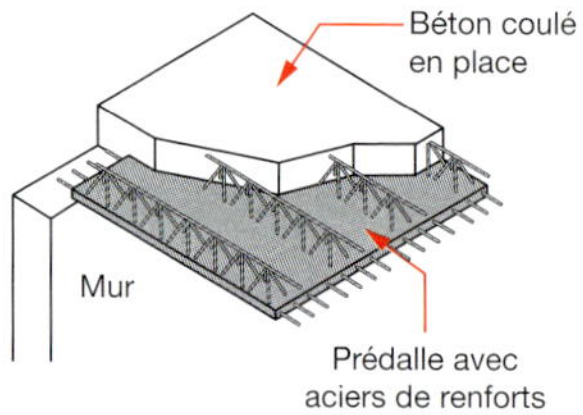

C'est un plancher dont l'ossature porteuse est constituée d'éléments en béton. Ce type de plancher est couramment employé pour les maisons individuelles car il peut être mis en œuvre avec des moyens de levage limités.

Ce plancher est constitué principalement de poutrelles, de hourdis et d'une dalle de compression.

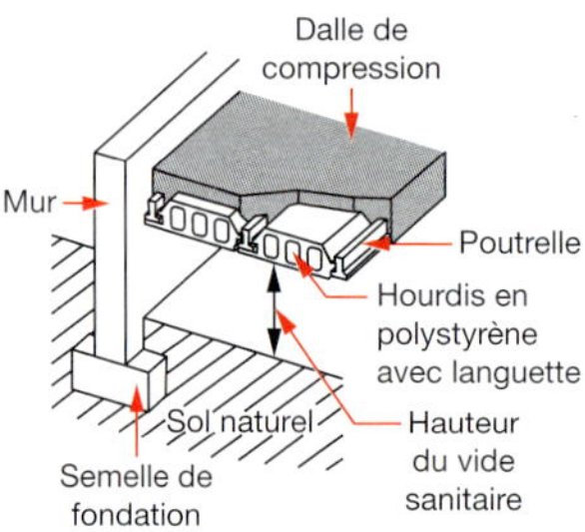

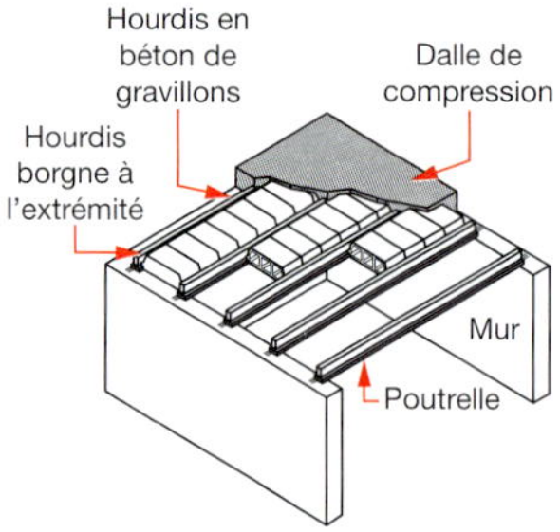

Réaliser un dallage sur sol

- **Déposer** une couche dite « hérisson » de graviers et/ou de sable sur le sol préalablement décaissé pour le stabiliser (15 à 20 cm).

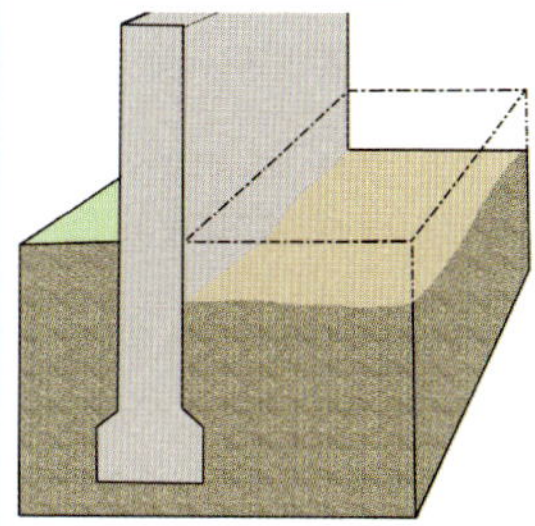

- **Damer et égaliser** ensuite la surface puis **appliquer** le film plastique géotextile ou polyane. Le film remonte sur les côtés.
- **Poser** un isolant sur le film et en périphérie.

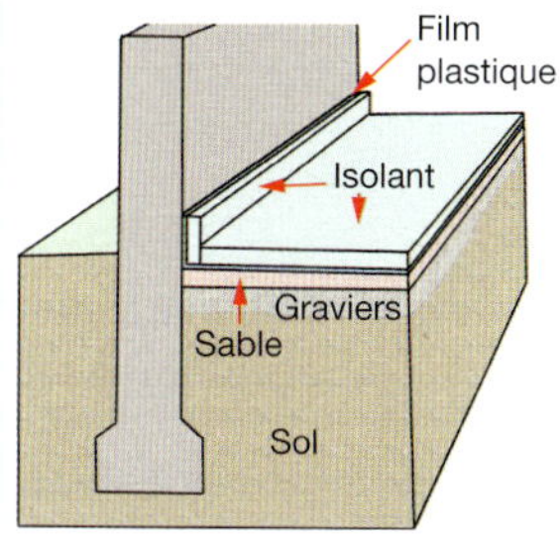

- **Placer** un treillis métallique pour armer le béton : le treillis est posé sur des cales en béton.
- **Prévoir** le passage et l'isolement des réseaux de plomberie et des gaines électriques en respectant les normes en vigueur.
- **Réaliser** des joints de dilatation ou de fractionnement si la surface de la dalle est supérieure à 15 m^2.

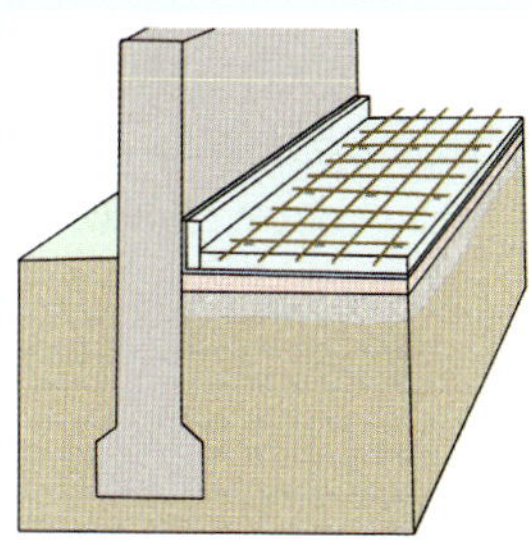

- **Étaler** et **dresser** le béton en commençant par les parties les plus éloignées et en finissant par l'espace à proximité de la porte de sortie.

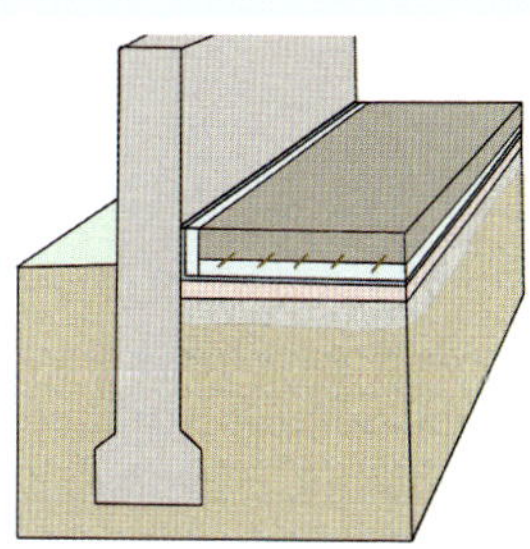

- **Laisser sécher** la dalle pendant le temps indiqué, sans aucun piétinement.

Réaliser un plancher sur coffrage

- **Préparer** le chantier : outil, matériel, éléments de coffrage, etc.
- **Équiper** les étais des accessoires conçus pour les panneaux de dallage.
- **Positionner** les deux premiers étais conformément à la notice de mise en œuvre.

- **Mettre en place** le premier panneau en utilisant la canne de coffrage pour le relever.
- **Maintenir** par 2 autres étais.

- **Mettre en place** un rail de fixation pour bloquer le panneau contre le mur.

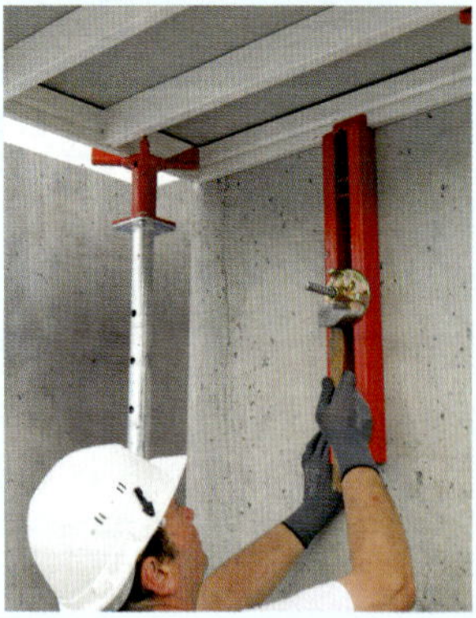

- **Mettre en place** les 2e et 3e panneaux en accrochant une de leurs extrémités aux têtes de dalle, l'autre étant soutenue provisoirement par les cannes de coffrage.
- **Verrouiller** les serrures au joint des panneaux.
- **Renouveler** les opérations précédentes.

© Deko

- **Fixer** les garde-corps au sol sur les éléments périphériques puis **relever** comme précédemment.

- **Mettre en place** les appoints de coffrage en contreplaqué découpé et fixé sur les profils prévus à cet effet.

- **Placer** le ferraillage.

- **Bétonner** le plancher.

© Deko

- **Démonter** le coffrage après durcissement du béton selon les recommandations du maître d'œuvre et du fabricant.

Matériel
- Engin de levage et accessoires
- Pelle, balai de cantonnier, seau, balayette, outillage du maçon, niveau de chantier ou laser

Consommables
- Béton
- Fer à béton, armatures

EPI
- Vêtement de travail
- Casque de protection
- Lunettes anti-projections
- Gants
- Chaussures de sécurité
- Casque anti-bruit

Réaliser un dallage sur prédalle

- **Réceptionner** les prédalles : contrôle quantité et qualité par le chef de chantier.
- **Stocker** les prédalles, si besoin, sur une aire plane, horizontale et stabilisée. Les prédalles devront alors être posées sur des chevrons ou des planches alignés verticalement en respectant les écartements et les porte-à-faux indiqués.

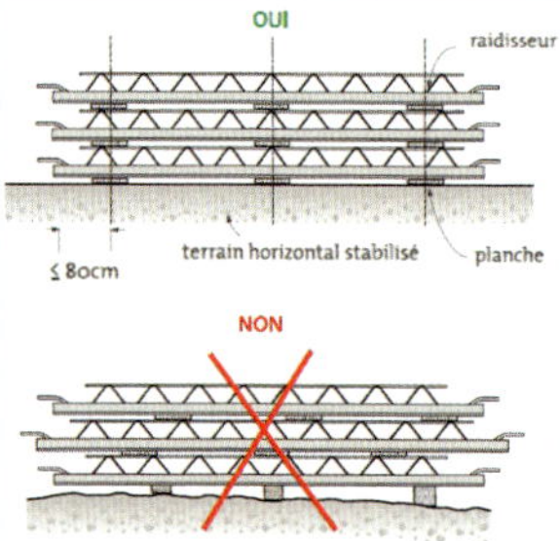

- **Mettre en place** des dispositifs de sécurité : fixer des tripodes supports de garde-corps aux raidisseurs ou dans les tubes et mettre en place les lisses.

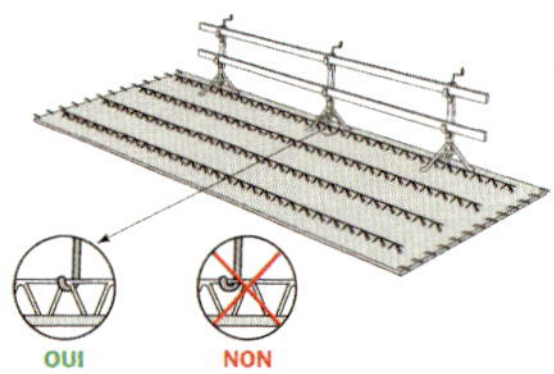

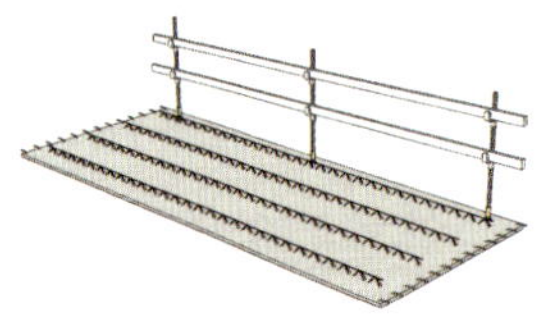

- **Mettre en place** les élingues pour la manutention.

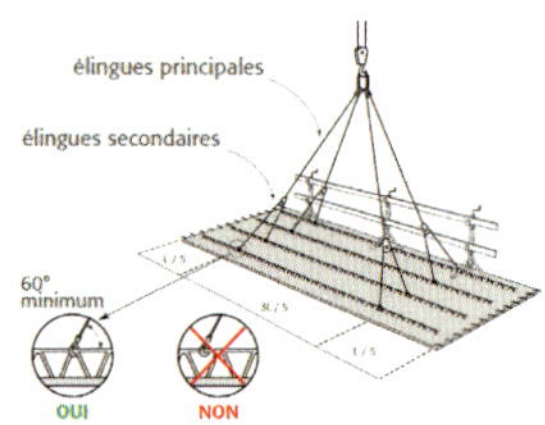

- **Mettre en place** les étais conformément au plan de préconisation de pose : de façon générale, la pose des prédalles nécessite la mise en place d'une ou plusieurs files d'étaiements à espacements constants et parallèles aux appuis.

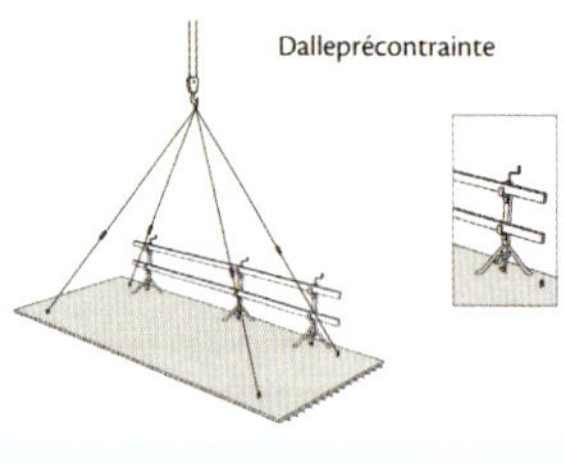

> ⚠ Cet étaiement doit être correctement dimensionné, auto-stable et mis en place sur un support suffisamment résistant. Il est positionné avant la pose des prédalles et réglé de niveau avec les appuis pour les prédalles en béton armé puis mis au contact de leur sous-face pour les prédalles précontraintes.

- **Poser** les prédalles : lors de la mise en œuvre des éléments, il y a lieu de se conformer aux indications du plan de préconisation de pose pour respecter l'ordre et le sens de pose.

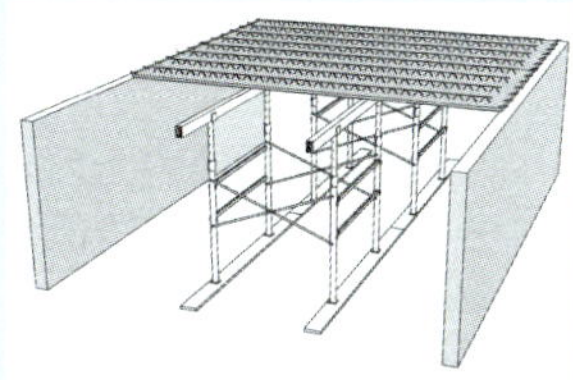

© Rector Lesage

- **Réaliser** le ferraillage : les armatures complémentaires (chapeaux, renforts, aciers sur joints...) sont mises en place conformément au plan de préconisation de pose établi par le bureau d'études.

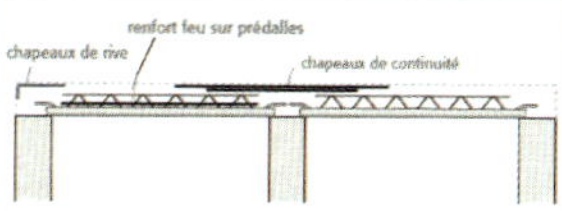

- **Mettre en place** les gaines et canalisations.
- **Traiter** les joints.
- **Bétonner** le plancher.

- Vérifier l'étaiement avant le coulage
- Nettoyer et humidifier abondamment la surface des prédalles
- Éviter la concentration de personnel sur une même prédalle
- Utiliser un béton de classe ⩾ C25/30
- Déverser le béton des appuis ou des étais vers le milieu de la travée
- Éviter les accumulations de béton
- Minimiser la hauteur de chute du béton
- Vibrer le béton
- Éviter les chocs et l'appui de la benne à béton sur les prédalles

Matériel
- Engin de levage et accessoires
- Pelle, balai de cantonnier, seau, balayette, outillage du maçon, niveau de chantier ou laser
- Cintreuse

Consommables
- Béton
- Fer à béton, armatures

EPI
- Vêtement de travail
- Casque de protection
- Lunettes anti-projections
- Gants
- Chaussures de sécurité
- Casque anti-bruit

MODE OPÉRATOIRE

Réaliser un plancher préfabriqué en béton (poutrelles et entrevous)

- **Vérifier** la conformité des constructions : maçonnerie façade et refend, ouvrages en béton armé, arases…

- **Contrôler** les hauteurs sous plancher d'après le dossier plans.

- **Contrôler** les zones d'appuis des poutrelles : aucun obstacle ni aucune armature ne doit gêner la pose des poutrelles. **Nettoyer** les surfaces d'appuis si nécessaire.

- **Étudier** le plan de pose, et **vérifier** :
  - l'emplacement des poutrelles ;
  - le nombre de filières ;
  - le repérage des éléments constitutifs du plancher ;
  - la position des poutrelles ;
  - la nature des entrevous ou hourdis (béton, terre cuite, polystyrène…) ;
  - le positionnement du ferraillage ;
  - la classe ou le type de béton à mettre en œuvre.

  ➟ ***Voir** fiche technologie associée n° 21 : comment lire un plan de pose de poutrelles ?*

- **Contrôler** les différents matériaux sur les aires de stockages (stockage rationnel, longueur des poutrelles, type de hourdis, repérage des armatures…).

- **Contrôler** les systèmes de levage, élingues et palonnier.

- **Positionner** l'étaiement suivant le plan de pose :
  Placer une lisse basse ou filière au sol.
  Positionner les étais préréglés en hauteur.
  Placer une lisse ou filière haute ; la fixer aux étais.
  Contreventer le tout afin de stabiliser au mieux l'installation.
  Régler les filières en hauteur et de niveau.

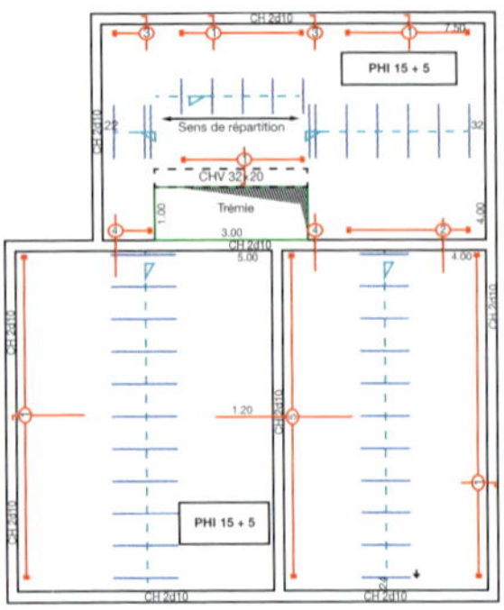

- **Tracer,** à partir du plan, le départ de la première poutrelle. Indiquer le sens de pose.
- **Élinguer** la poutrelle en veillant à respecter les points d'accrochage préconisés par le constructeur.
- **Lever et transporter** la poutrelle sur le poste de travail. Lors du levage, contrôler visuellement l'état général de celle-ci.
- **Poser** la poutrelle sur le tracé, en respectant les longueurs d'appuis.
- **Tracer** l'intervalle entre deux poutrelles.
- **Poser** provisoirement la poutrelle avec un léger retrait par rapport au tracé.
- **Placer** à chaque extrémité l'entrevous d'about.
- **Régler** définitivement la poutrelle de façon à bien bloquer l'élément. Répéter l'opération pour tout le plancher.
- **Mettre en place** des étais au contact des poutrelles, sans soulever celles-ci.
- **Contrôler** la bonne tenue de l'étaiement avant la pose des entrevous intermédiaires.
- **Poser** les entrevous intermédiaires. Afin de limiter tout risque d'accident et parce que les entrevous sont fragiles, réaliser un cheminement en planche pour vos déplacements.
- **Contrôler** la bonne tenue de l'étaiement.
- **Poser** les armatures, contrôler le sens de pose des treillis, les recouvrements, la bonne position des aciers de renforts et les ligatures.

➟ **Voir** *fiche technologie associée n° 22 : comment réaliser les appuis ?*

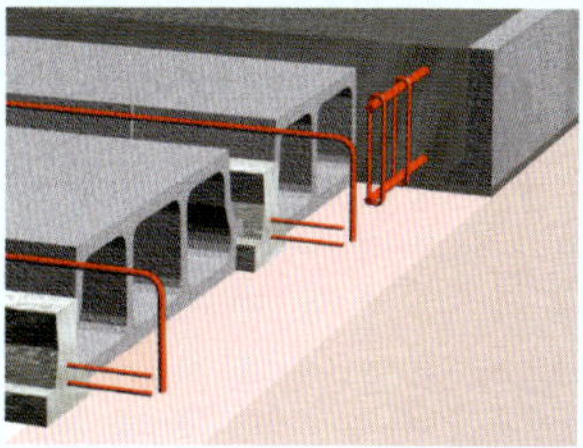

- **Réaliser** les trémies dans la surface du plancher pour permettre le passage d'un escalier, d'un ascenseur, etc. La charge qu'apporte la poutre chevêtre est reprise par les poutrelles jumelées qui limitent cette trémie. Les aciers inférieurs de la poutre chevêtre sont relevés de 45° près des appuis. Les cadres sont souvent plus resserrés aux extrémités de l'armature de la poutre.

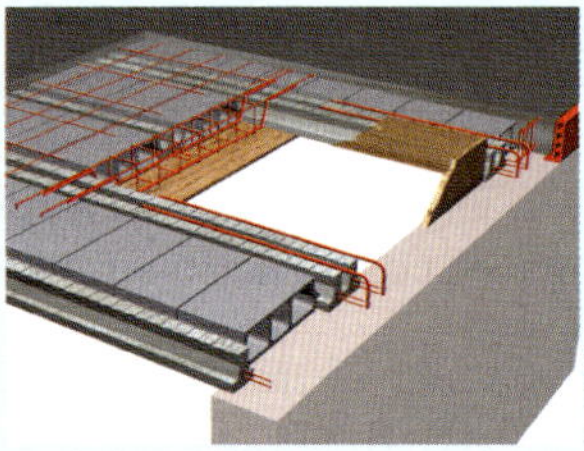

© SEAC

- **Bétonner le plancher :** l'opération transport et déversement du béton peut être assurée par la benne à béton transportée par une grue, la goulotte de camion toupie, un tapis transporteur ou une pompe à béton.

- **Dresser et vibrer** le béton

➠ **Voir** *fiche technologie associée n° 23 : comment dresser et vibrer un béton de plancher ?*

- **Contrôler** la bonne tenue de l'étaiement pendant les opérations de bétonnage et de vibration.

Matériel

- Engin de levage et accessoires
- Pelle, balai de cantonnier, seau, balayette, outillage du maçon, niveau de chantier ou laser

Consommables

- Bois de coffrage, béton, armatures, fil à ligature, poutrelle, hourdis, pointes
- Eau

EPI

- Vêtement de travail
- Casque de protection
- Lunettes anti-projections
- Gants
- Chaussures de sécurité
- Casque anti-bruit

FICHE N° 21 : comment lire un plan de pose de poutrelles ?

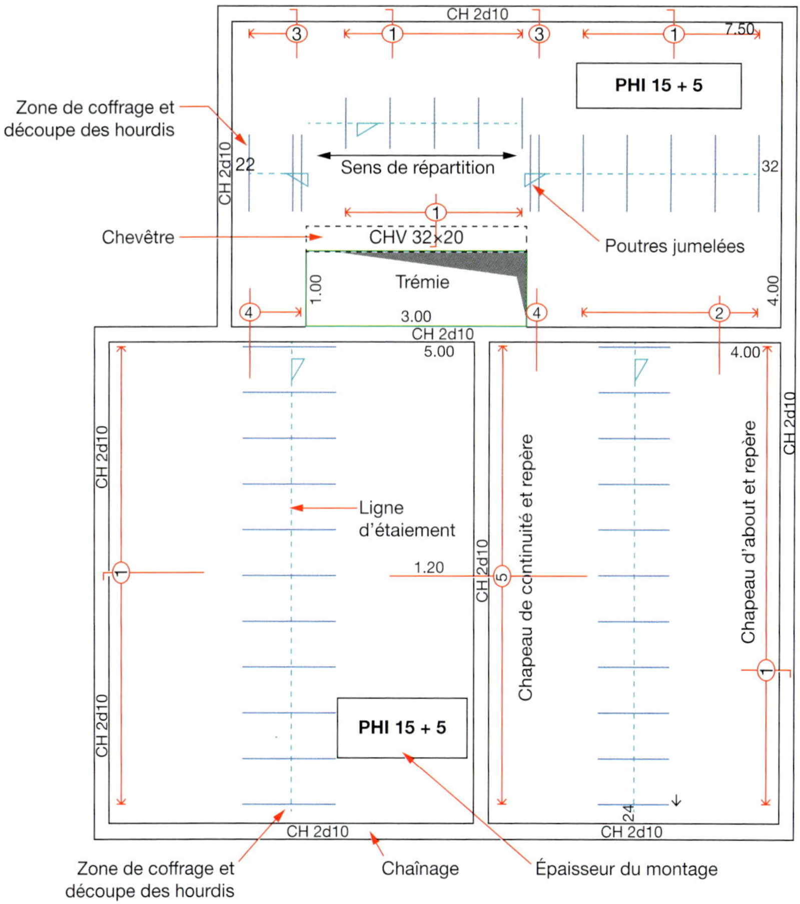

FICHE N° 22 : comment réaliser les appuis ?

Appui sur maçonnerie

L'appui minimum de la poutrelle sur un mur en maçonnerie ne doit pas être inférieur à 5 cm.
Si cette valeur ne peut pas être obtenue, il est obligatoire de mettre en place une lisse de rive le long de l'appui.

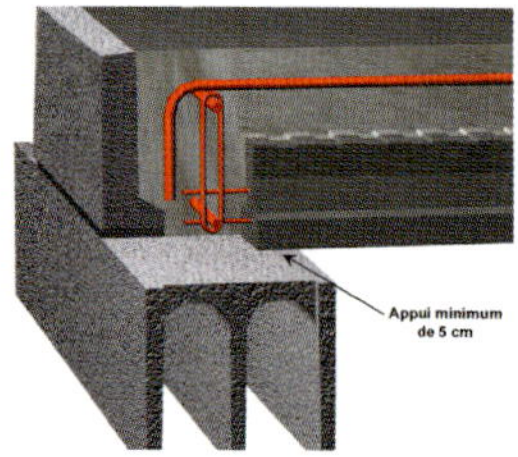

Appui sur béton armé

L'appui minimum de la poutrelle sur une poutre béton ou un voile béton ne doit pas être inférieur à 2 cm.
Si cette valeur ne peut pas être obtenue, il est obligatoire de mettre en place une lisse de rive le long de l'appui (voir détail ci-dessous).

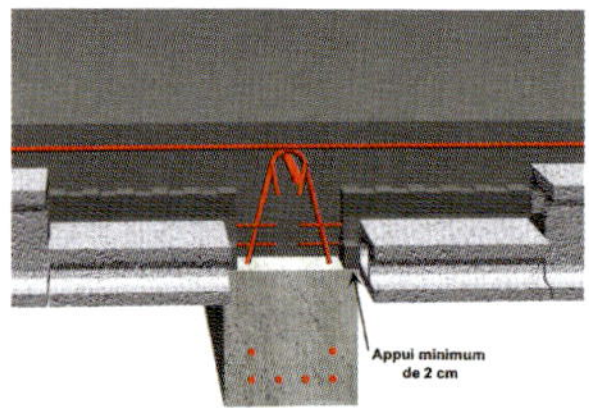

Appui insuffisant ou nul (si l'extrémité de la poutrelle n'est pas à plus de 2 cm de l'appui)

Si la poutrelle ne repose pas sur l'appui et que le vide est inférieur à 2 cm, on peut reprendre les efforts transmis par la poutrelle à l'aide d'un étrier, ramenant les efforts sur les aciers du chaînage.
Dans ce cas, il est obligatoire de mettre en place une lisse de rive le long de l'appui.

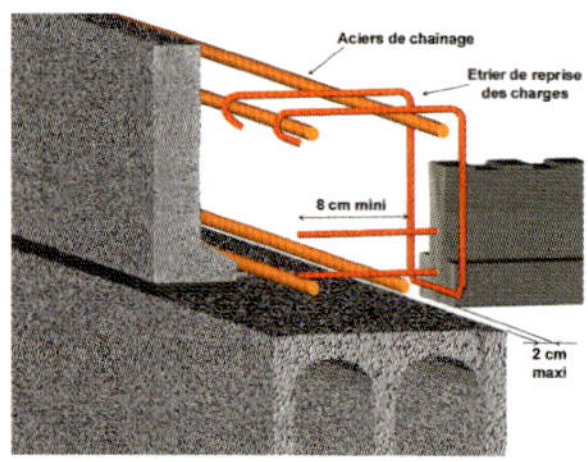

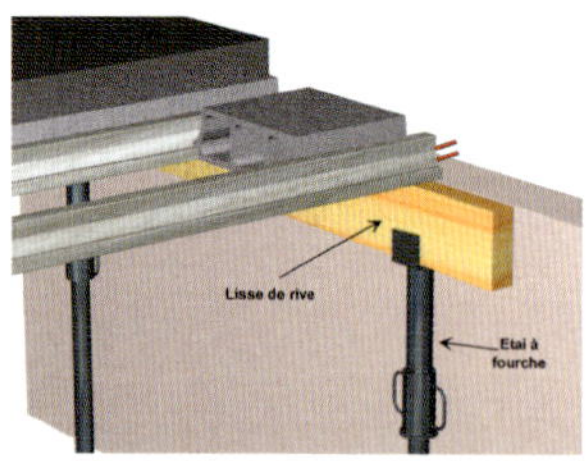

Poutre noyée

Dans le cas de poutre noyée dans l'épaisseur du plancher, les aciers longitudinaux des poutrelles doivent être ancrés de 8 cm minimum au-delà des aciers de la poutre.
Le diamètre des armatures passant sous les fils de précontraintes de la poutrelle ne sera pas inférieur à 14 mm.
La section et les armatures de celle-ci seront calculées par le bureau d'études béton armé du chantier.

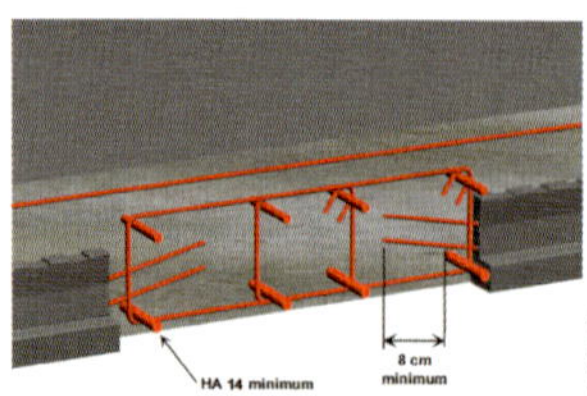

FICHE N° 23 : comment dresser et vibrer un béton de plancher ?

Le Béton prêt à l'emploi, type C20/25 ou C25/30 de classe de consistance S3 ou S4 suivant les préconisations du bureau d'étude (norme NF EN 206-1) doit être réparti sur les travées limitées éventuellement par des guides. On doit s'appliquer à le mettre en place et à réaliser les finitions qui sont demandées.
L'enrobage méticuleux de tous les aciers sera réalisé. Suivant le type de béton, la vibration par aiguille peut être réalisée au niveau des chaînages incorporés.

La mise à niveau du béton se fera à la règle en veillant à respecter l'épaisseur minimum de 4 cm.

Le dressement de la surface peut être réalisé à la règle vibrante. Les avantages sont : régularité de la vibration, compactage du béton et un dressement de surface rapide et facile.

La finition du béton peut être : brute tirée à la règle, tirée à la règle vibrante, talochée manuellement, talochée mécaniquement à l'hélicoptère.

© Enarco

La vibration d'éléments horizontaux tels que planchers, dalles et radiers est conseillée.
L'épaisseur de l'élément à vibrer peut être inférieure ou sensiblement égale à la longueur du corps vibrant du vibrateur interne.
La solution consiste à plonger celui-ci en position inclinée sans pour autant dépasser une inclinaison de l'ordre de 45°.
Dans le cas d'éléments de faible épaisseur, utiliser un vibrateur à corps vibrant court qui a une puissance identique, présente un diamètre plus fort que celui d'un vibrateur courant.

- Le ou les vibrateurs doivent passer aisément entre les mailles.
- Les intervalles entre points d'immersion du vibrateur se calculent comme dans le cas de la vibration des éléments verticaux.

e (espacement) ≈ r x 1,7

- Les zones d'action du vibrateur doivent s'entrecroiser.
- La pratique qui consiste à traîner l'aiguille à l'horizontale est à proscrire. Elle est génératrice de ressuage et de microfissuration.

Les ouvrages horizontaux et verticaux en béton

Les ouvrages en béton constituent une combinaison d'éléments verticaux (poteaux, voiles BA, voiles béton banchés, etc.) et d'éléments horizontaux (poutres, planchers, etc.) ; la trame de l'ossature est la combinaison en plan des porteurs verticaux et horizontaux.

Ces ouvrages contribuent à la rigidité de l'ensemble de la construction et supportent les efforts internes et externes qui agissent sur celle-ci.

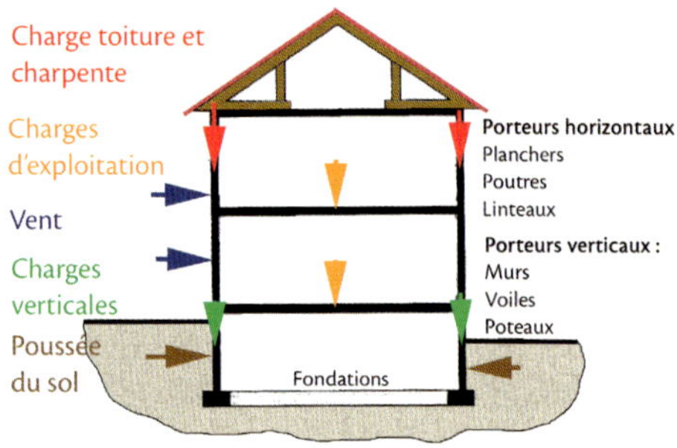

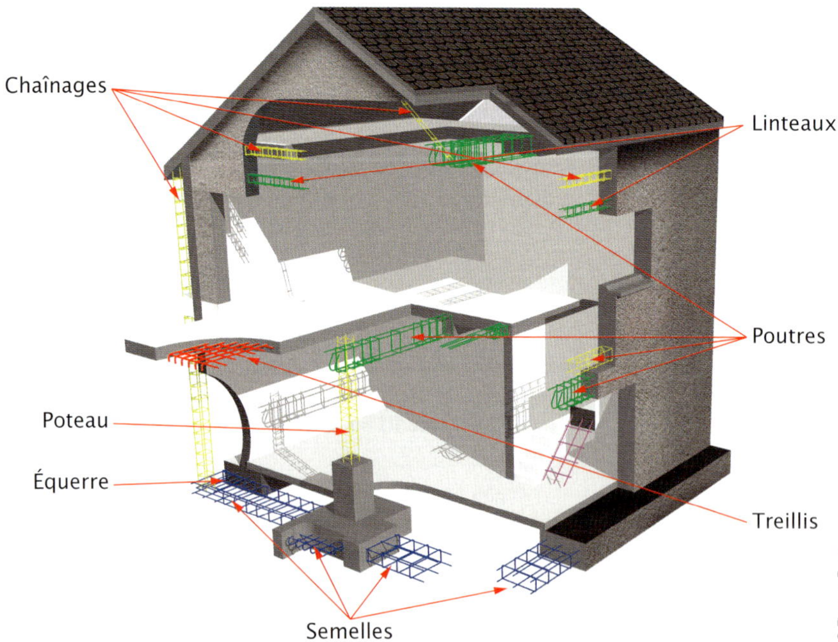

© Fimurex Pantz

Réalisation des enduits verticaux

 Façades de pavillon

Activité 16 Préparer les supports

Les supports en maçonnerie destinés à recevoir un enduit doivent être solides, non friables et dépourvus de tout produit pouvant nuire à son adhérence.

Dans le DTU 26.1, le classement des maçonneries est indiqué en fonction de leur cohésion de surface : chaque matériau est caractérisé par une valeur minimale à l'arrachement appelée **Rt**.

Pour les ouvrages neufs, généralement un simple dépoussiérage à la brosse suffit ; le support doit être rugueux de manière à favoriser « l'accrochage » de l'enduit.
S'il existe des aspérités importantes, elles doivent être arasées : joints débordants, balèvres, hourdage d'éléments maçonnés, éléments en béton trop saillants…
Il faut veiller à éliminer toute trace de produit décoffrant appliqué sur les éléments en béton lors de leur fabrication.

Pour les ouvrages anciens, l'opération ne peut être réalisée que sur un support sain. L'ancien crépi et les aspérités doivent être enlevés afin de mettre à nu les éléments de maçonnerie. Dans certains cas le traitement des joints s'impose. Les éventuels fissures et trous doivent être rebouchés.
Il est impératif de rendre le support propre, exempt d'éléments parasites que l'on peut trouver sous forme de moisissures, salpêtre, plâtre, terre ou peinture.

Exemple de diagnostic d'un mur ancien à réaliser avant la pose d'un enduit :

© Fotolia.com

Si les surfaces localisées présentent des défauts de **planéité**, suivant l'importance des épaisseurs à recharger, il est nécessaire d'effectuer un dressement en surcharge (ou renformis) avec du mortier ayant la même composition que le corps d'enduit.
Une armature de renfort doit être incorporée lorsque l'épaisseur du redressement dépasse 30 mm. Le délai minimal de durcissement avant l'application de l'enduit est de 2 à 7 jours suivant la nature du liant, l'épaisseur de l'enduit et les conditions climatiques.

➠ **Voir** *fiche technologie associée n° 24 : comment réaliser un diagnostic de façade ?*
➠ **Voir** *fiche technologie associée n° 25 : comment connaître et comprendre les fissures en façades ?*

Analyse du chantier

- **Réaliser** le diagnostic de la façade : fissures, trous, aspérités, propreté…
- **Vérifier** l'état du sol si pose d'un échafaudage.
- **Identifier** les éléments justifiant la pose de réservations et/ou de baguettes.

Préparation du chantier

- **Monter** l'échafaudage si nécessaire.
- **Protéger** l'environnement : protection des sols, de la végétation et des autres personnes contre les projections.
- **Préparer** le matériel adapté au type d'enduit à appliquer.
- **Porter** les EPI.

Préparation des supports

A. SUPPORTS NEUFS

- **Araser** les éventuels débords de joint.
- **Dépoussiérer** soigneusement à la brosse métallique.
- **Arroser** à refus la veille de l'application.

B. SUPPORTS ANCIENS

- **Boucharder** (piquer) les joints et/ou le vieil enduit.
- **Éliminer** toute trace de produit étranger (saleté, vieilles peintures…).
- **Dépoussiérer** (brosser, laver ou souffler avec soin).

Dépoussiérage

Bouchardage

Lavage

© Socli

Remarques :

• *Si l'enduit ancien est solide, il est également possible de le conserver en appliquant une* ***résine d'accrochage****.*

• *Si le mur est très friable, il sera nécessaire d'appliquer un* ***badigeon*** *pour durcir la surface des joints sans détremper le mur, puis de placer sur le support un* ***treillis (toile de verre) ou un grillage galvanisé*** *avant de projeter l'enduit.*

• *Pour éliminer les traces de peinture ou autres dépôts solides, il est possible de sabler le mur.*

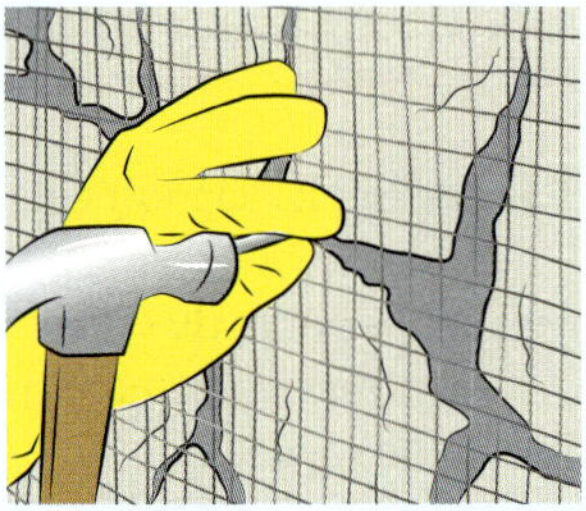

Pose de grillage galvanisé

© Socli

Sablage de mur

Attention :

– Un diagnostic correct permet de mettre en œuvre une préparation adaptée du support, essentielle à la qualité de réalisation de l'enduit

– L'ensemble du chantier doit faire l'objet d'un nettoyage approfondi après les travaux de préparation.

À consulter :

– Les fiches techniques des fabricants de produits

– Les conseils aux professionnels sur les sites des fabricants et distributeurs de produits.

Matériel

- Échafaudage
- Bâches
- Brosse métallique
- Brosse crins
- Boucharde ou marteau à piquer
- Sableuse
- Cordeaux, fil à plomb, règle, truelle…

Consommables

- Eau

Éventuellement

- Résine d'accrochage
- Badigeon
- Treillis de toile de verre ou grillage galvanisé

EPI

- Vêtement de travail
- Casque de protection
- Lunettes anti-projections
- Gants
- Chaussures de sécurité
- Casque anti-bruit

FICHE N° 24 : comment réaliser un diagnostic de façade ?

Comment identifier la nature du revêtement de finition ?

© Saint Gobain Weber

Les peintures organiques et les revêtements organiques épais (RPE) se ramollissent généralement sous l'action d'une flamme.
En revanche, les enduits à base de chaux-ciment et les peintures minérales restent insensibles à la flamme.
En cas de brillance excessive du revêtement, on peut soupçonner la présence de vernis ou d'un traitement minéralisant : il est nécessaire de procéder alors à un décapage mécanique.

Comment vérifier la bonne tenue du revêtement de finition organique existant ?

Pour les peintures sur supports lisses, effectuer le test du quadrillage : couper la peinture en petits carrés de 2 × 2 mm sur une surface de 10 × 10 cm. La peinture est considérée comme adhérente si 80 % des petits carrés restent adhérents après brossage.
Pour les peintures sur supports rugueux ou pour les revêtements organiques épais (RPE), vérifier leur adhérence à l'aide d'un couteau de peintre, d'un riflard ou par quadrillage, comme indiqué ci-dessus, mais avec des carrés de 5 × 5 mm.

Comment vérifier la bonne tenue d'un enduit hydraulique existant ?

Commencer par sonder avec un marteau toutes les parties accessibles, en particulier de part et d'autre des fissures, afin de repérer si l'enduit sonne creux.
Lors de la mise en place de l'échafaudage, sonder la totalité des façades. En cas de doute sur l'adhérence, éliminer l'enduit en totalité.

Comment évaluer la porosité ?

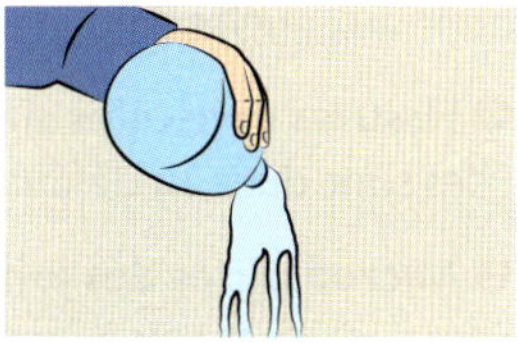

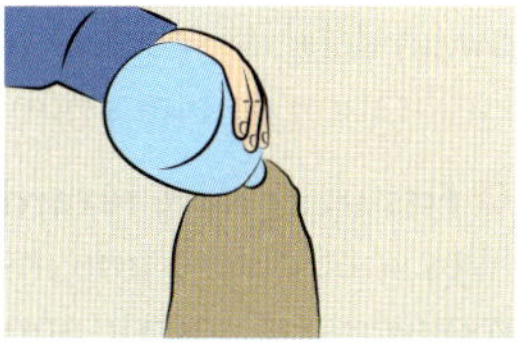

Projeter de l'eau sur le mur pour mouiller le support.
Si l'eau ruisselle, le support n'est pas poreux.
Si l'eau est absorbée rapidement, le support est considéré comme poreux.

(D'après Saint-Gobain Weber France)

FICHE N° 25 : comment reconnaître et comprendre les désordres en façades ?

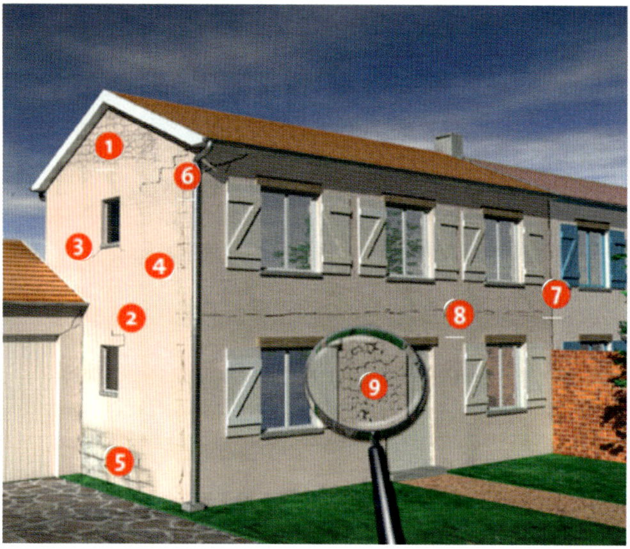

© Saint-Gobain Weber

❶ Microfissurations de retrait (en mailles larges) des enduits
Elles sont dues soit à un excès d'eau de gâchage, soit à un mauvais dosage de l'enduit ou à une épaisseur trop importante de celui-ci, ou encore à une mauvaise adhérence.

❷ Microfissures ou fissures horizontales ou verticales
Elles sont généralement dues à des maçonneries composées de matériaux divers, ayant chacun un comportement hygrothermique différent.

❸ Fissures en général obliques ou verticales partant des angles des baies (fissures en moustache).
Elles sont dues à la dilatation des appuis de baie ou aux résistances plus faibles de la maçonnerie aux angles d'ouverture.

❹ Fissures verticales situées aux angles de la construction
Elles sont dues au défaut de chaînage vertical.

❺ Microfissures des joints de maçonnerie
Elles sont dues soit à un montage défectueux de la maçonnerie (joints trop larges, mal dosés, ou un délai de séchage trop court entre le montage et l'enduction). Cela peut être dû aussi à l'utilisation de blocs non stabilisés.

❻ Fissures (voire lézardes) obliques dans les parois béton ou de maçonnerie
Elles sont dues à une instabilité de terrain ou de l'assise de la construction entraînant des mouvements importants de la structure.

FICHE N° 25 : suite

❼ **Fissures verticales à la jonction de deux bâtiments contigus et indépendants (agrandissement...).**
Elles sont dues à l'absence de joint de dilatation.

❽ **Fissures horizontales situées soit au droit du plancher, soit au 1er ou au 2e rang d'éléments de maçonnerie en dessous du plancher.**
Elles sont également dues à une déformation ou à une rotation du plancher sur le chaînage périphérique.

❾ **Faïençage superficiel (en petites mailles) de la couche superficielle de l'enduit.**
Il est dû à un excès de talochage ou à un séchage de la surface trop rapide.

FICHE N° 26 : comment se protéger des risques lors de la rénovation d'un ravalement ?

La rénovation d'un ravalement, nettoyage et décapage de la façade, implique l'utilisation de **machines bruyantes** (compresseur, malaxeur...), d'**échafaudages** avec risques de chutes de hauteur, de **procédés** (sablage, bouchardage...) émettant des **poussières nocives** et de **produits chimiques** (solvants, bases, acides...) dangereux pour les maçons.

Les moyens de prévention à mettre en œuvre pour pallier les risques professionnels des personnels relèvent de la prévention collective, de la prévention individuelle et de la formation aux risques professionnels.

Prévention collective :

- organisation du chantier conforme aux prescriptions ;
- installations du matériel selon la procédure ;
- choix de produits à faibles risques.

Prévention individuelle :

- porter les équipements de protection adaptés aux risques ;
- respecter les règles d'hygiène ;
- respecter les charges maximales à soulever et les gestes et postures.

Formation aux risques :

- s'informer des risques spécifiques à l'activité.

Activité 17 Préparer l'enduit

L'enduit vertical appliqué sur les façades répond à plusieurs fonctions : il permet de rectifier les irrégularités des supports, il s'oppose à la pénétration de l'eau consécutive aux intempéries, il autorise la « respiration » du mur, il embellit et décore les façades.

Les règles professionnelles pour l'application des enduits minéraux d'imperméabilisation des maçonneries sont définies par la norme :
NF P 15.201 – Référence DTU 26.1 (Document Technique Unifié).

Les différents enduits

L'enduit de façade peut se présenter sous plusieurs formes :
- l'enduit traditionnel ;
- l'enduit monocouche minéral ;
- l'enduit synthétique.

L'enduit traditionnel

Il est composé d'un liant (chaux hydraulique ou plâtre ou ciment) et de sable.

Préparé directement sur le chantier, il est généralement réalisé en trois couches successives :
- **le gobetis :**
c'est une couche d'accrochage qui assure la liaison de l'enduit au support. Elle doit être rugueuse pour permettre cet accrochage et d'épaisseur inférieure à 5 mm.
- **le corps d'enduit :**
c'est une couche plus épaisse qui permet d'obtenir une surface plane, rugueuse qui permet l'adhérence de la finition et qui assure l'imperméabilité. Elle s'applique 2 à 3 jours après le gobetis et à une épaisseur ≈ 12 mm.
- **la couche de finition** :
c'est une couche mince qui assure la protection du corps d'enduit, un complément d'étanchéité et l'aspect décoratif. Elle est souvent réalisée avec un mortier prêt à l'emploi. L'épaisseur de cette couche est de l'ordre de ≈ 5 à 7 mm suivant le type de finition souhaitée.
Elle s'applique 5 à 8 jours après le corps d'enduit.
Les temps de séchage sont donnés à titre indicatif. Ils dépendent des conditions climatiques, des types de produit et des délais de chantier.

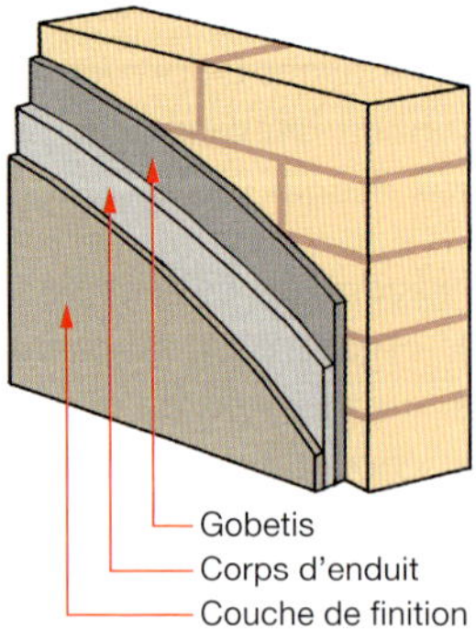

L'enduit monocouche minéral

Il se présente sous forme de mortiers prêts à l'emploi et préparés en usine.

Composition : mélange à sec de liants hydrauliques en majorité ciments et chaux ainsi que certains adjuvants type pigments, plastifiants, hydrofuge.

L'enduit monocouche se distingue d'un enduit traditionnel en 3 couches par le type de mélange : il est livré sur chantier, prêt à gâcher et son mode d'application entraîne une couche d'une ou deux passes sans délai d'attente.

L'enduit monocouche ne permet pas de rattraper les défauts de planéité. Il convient donc aux surfaces planes sans aspérités ou déformations, comme sur les façades neuves.

Suivre les préconisations des fabricants pour la mise en œuvre, les épaisseurs et les temps de séchages des produits utilisés.

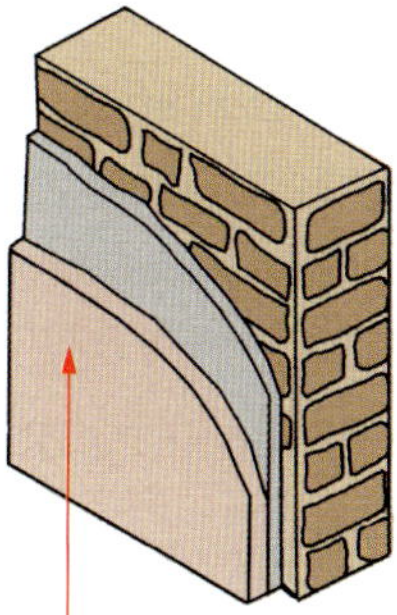

L'enduit synthétique

Livré en pâte, il s'applique sur un support propre, de type béton banché ragréé, ou maçonnerie d'éléments revêtue d'un enduit à base de liants hydrauliques.

Il est plus élastique que les autres enduits et moins épais mais ne laisse pas respirer les murs.

Le mode de préparation et d'application de ce type d'enduit dépend de la nature des travaux et des prescriptions définies dans le cahier des charges.

Le mode de préparation de l'enduit dépend de sa forme et de sa composition.

Dosage et consommation d'un enduit minéral

Le dosage des composants dépend :

- de la nature du liant ;
- du support ;
- pour l'enduit traditionnel : du type des couches d'enduit (gobetis, corps d'enduit ou finition) ;
- du mode d'application (manuel ou mécanique).

Il est important de veiller à respecter le dosage préconisé et de conserver toujours les mêmes proportions afin de garantir la qualité de l'enduit et la teinte finale lors de la couche de finition.

→ **Voir** *fiche technologique associée n° 27 : comment doser l'enduit ?*

Préparation des enduits

Préparation de l'enduit traditionnel

- **Introduire** dans la cuve de la bétonnière une petite partie de l'eau pour la nettoyer de la gâchée précédente.
- **Introduire** le sable et le liant, puis le reste de l'eau.
- **Bloquer** la bétonnière dans la position malaxage, de 3 à 5 minutes pour obtenir un mortier homogène.

Préparation de l'enduit monocouche

- **Vérifier** le bon état général de la machine à projeter.
- **Raccorder** les flexibles, eau, air et tuyau de transport du mortier.
- **Introduire** environ 10 litres de mortier extrêmement liquide dans le tuyau de transport du mortier pour « graissage » de celui-ci.
- **Verser** dans le malaxeur de la machine l'eau et ensuite le mortier en poudre en quantité correspondant à la capacité de la machine et aux préconisations du fabricant.
- **Respecter** les temps de malaxage suivant prescriptions.
- **Verser** le mortier malaxé dans la cuve pour pompage par vis sans fin.
- **Régler** le débit de la buse et expulser le mortier pour « graissage ».

Nettoyage de l'appareil à projeter

- **Rincer** la cuve de l'appareil.
- **Nettoyer** la lance par trempage dans un grand seau d'eau.
- **Vérifier** régulièrement l'état de propreté du trou de sortie d'air dans l'embout de la lance de projection, si besoin le nettoyer.

Attention :

– Respecter les préconisations des fiches de données de sécurité de chacun des produits
– Respecter et vérifier les délais de péremption des produits
– Toujours utiliser des granulats et des outils propres, ainsi que de l'eau claire
– Approvisionner en une seule fois les chantiers en granulats, pour garantir une homogénéité du rendu final
– Penser à retirer l'excédent de mortier apposé sur le support ou sur le sol pour éviter les remontées d'humidité
– Pour une même tâche, veillez au temps de malaxage. Il doit être identique pour toutes les gâchées. Il en est de même pour les dosages
– Procéder à un essai de teinte avant l'application définitive d'une finition
– Toujours travailler entre 5° et 30 °C selon les préconisations des fabricants
– Ne pas arroser un enduit en cours de prise
– Bâcher et recouvrir le sable lors du stockage
– Stocker les sacs ou seaux à l'abri, dans des locaux secs et ventilés
– Travailler à l'abri du vent ou du soleil pour éviter une dessiccation trop rapide.

À consulter :

– Les fiches techniques des fabricants de produits
– Les conseils aux professionnels sur les sites des fabricants et distributeurs de produits.

Matériel

- Pelle
- Balai de cantonnier
- Seau
- Bétonnière ou machine à projeter
- Brouette
- Balayette coco
- Alimentation en eau et électrique

Consommables

- Eau
- Sable
- Liant ciment
- Mortier prêt à l'emploi

EPI

- Vêtement de travail
- Casque de protection
- Lunettes anti-projections
- Gants adaptés
- Chaussures de sécurité
- Casque anti-bruit
- Masque anti-poussière

FICHE N° 27 : comment doser l'enduit ?

La mise en œuvre de la norme du DTU 26.1 a conduit les fabricants de liant à établir des tables de données correspondant à chacun de leurs produits.
Ces fiches de données contiennent également des conseils d'utilisation en fonction du type de support et du mode d'application.

Exemple de dosages préconisés par un fabricant d'enduit

Enduits manuel – Supports neufs				
		Rt3 Blocs de béton	Rt2 Briques et blocs granulats légers	Rt1 Béton cellulaire
Gobetis	DTU 26.1	500 à 600 kg/m^3	500 kg/m^3	400 kg/m^3
	Liant (chaux)	35 kg	30 kg	30 kg
	Sable sec	7 à 9 seaux	9 seaux	11 à 12 seaux
	Eau	20 litres	20 litres	20 litres
Corps d'enduit	DTU 26.1	350 à 450 kg/m^3	350 à 450 kg/m^3	300 à 350 kg/m^3
	Liant (chaux)	35 kg	35 kg	25 kg
	Sable sec	11 à 15 seaux	11 à 15 seaux	10 à 12 seaux
	Eau	20 litres	20 litres	20 litres
Finition	DTU 26.1	200 à 400 kg/m^3	200 à 400 kg/m^3	200 à 300 kg/m^3
	Liant (chaux)	35 kg	35 kg	25 kg
	Sable sec	13 à 26 seaux	13 à 26 seaux	12 à 18 seaux
	Eau	20 litres	20 litres	20 litres
Enduits manuels – Supports naturels et anciens				
		Pierres dures	Pierres tendres	
Gobetis	DTU 26.1	400 à 450 kg/m^3	400 à 450 kg/m^3	
	Liant (chaux)	35 kg	25 kg	
	Sable sec	11 à 13 seaux	8 à 9 seaux	
	Eau	20 litres	20 litres	
Corps d'enduit	DTU 26.1	300 à 350 kg/m^3	300 à 350 kg/m^3	
	Liant (chaux)	35 kg	25 kg	
	Sable sec	15 à 17 seaux	10 à 12 seaux	
	Eau	20 litres	20 litres	
Finition	DTU 26.1	250 à 300 kg/m^3	250 à 300 kg/m^3	
	Liant (chaux)	35 kg	25 kg	
	Sable sec	17 à 21 seaux	12 à 15 seaux	
	Eau	20 litres	20 litres	

FICHE N° 27 : suite

Enduits mécaniques – Tous supports						
		Rt3 blocs de béton	Rt2 Briques et blocs granulats légers	Rt1 Béton cellulaire	Pierres dures	Pierres tendres, torchis, pisé
Corps d'enduit	DTU 26.1	350 à 450 kg/m³	350 kg/m³	300 à 350 kg/m³	300 à 350 kg/m³	300 à 350 kg/m³
	Liant (chaux)	35 kg	35 kg	25 kg	25 kg	25 kg
	Sable sec	11 à 15 seaux	15 seaux	10 à 12 seaux	10 à 12 seaux	10 à 12 seaux
	Eau	20 litres	20 litres	20 litres	20 litres	20 litres
Finition	DTU 26.1	250 à 400 kg/m³	250 kg/m³	200 à 300 kg/m³	250 à 300 kg/m³	250 à 300 kg/m³
	Liant (chaux)	35 kg	35 kg	25 kg	25 kg	35 kg
	Sable sec	13 à 21 seaux	21 seaux	12 à 18 seaux	12 à 15 seaux	12 à 15 seaux
	Eau	20 litres	20 litres	20 litres	20 litres	20 litres

(D'après Socli France)

Activité 18 Poser les repères et les guides avant enduit

Pour obtenir des arêtes parfaitement rectilignes verticalement et horizontalement ainsi qu'une épaisseur constante des différentes couches d'enduit, il est nécessaire de poser des repères et des guides sur la façade.

Ils se placent à chaque angle de mur et autour des différentes ouvertures.
Ces règles peuvent être réalisées dans des lattes de bois bien droites, si possible rabotées et sans nœud.

Toutes les fenêtres, portes, poutres et autres objets risquant d'être salis par les projections de mortier seront protégés soigneusement à l'aide d'un écran en polyéthylène.
Une planche posée au pied du mur permettra de ramasser le mortier tombé au sol.

Pose des règles pour réalisation de l'enduit sur façade

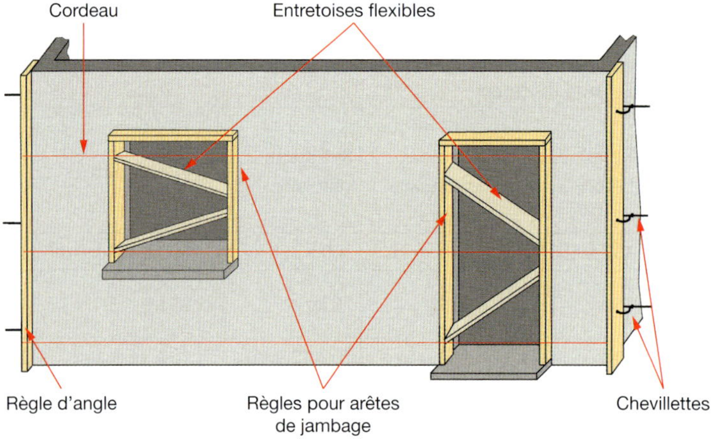

Pose des règles pour réalisation de l'enduit sur tableau de baies et sous linteaux

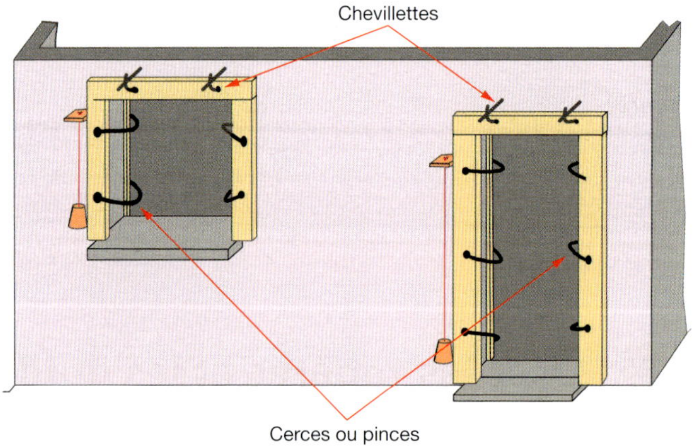

Cerce ou pince de maçon

Pour maintenir les règles, le maçon peut fabriquer lui-même des pinces rudimentaires avec du fer à béton. L'élasticité du métal suffit à maintenir les planches en place en raison du faible effort exercé lors de la pose de l'enduit.

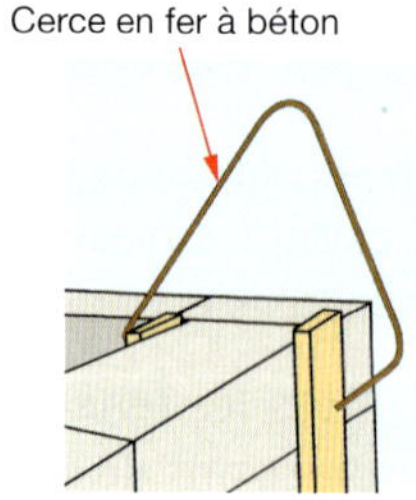

Pose des règles pour enduit sur façade

- **Protéger** l'environnement de travail.
- **Protéger** les ouvertures : fenêtres, portes…
- **Réaliser** le gobetis sur toutes les surfaces dans le cas d'une application traditionnelle (voir activité 14).
- **Poser** les règles d'angles sur toute la hauteur de la façade. La fixation ou le maintien peut être réalisé avec de la chevillette.
- **Mettre** d'aplomb les règles d'angle et les placer afin de régler l'épaisseur de l'enduit.

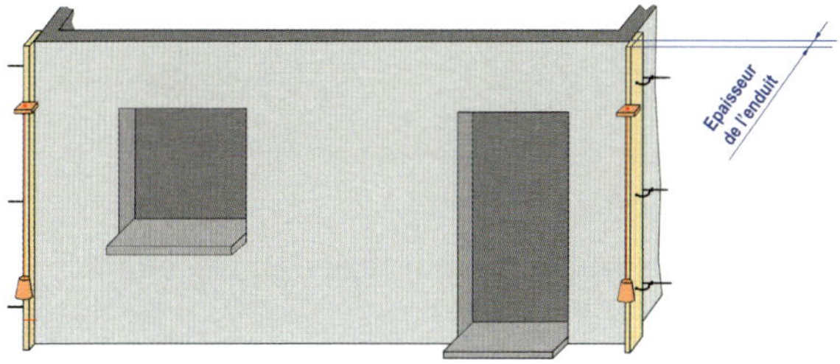

- **Tendre** des cordeaux d'un bout à l'autre de la façade. La position des cordeaux devra permettre le positionnement des règles d'arêtes des jambages.

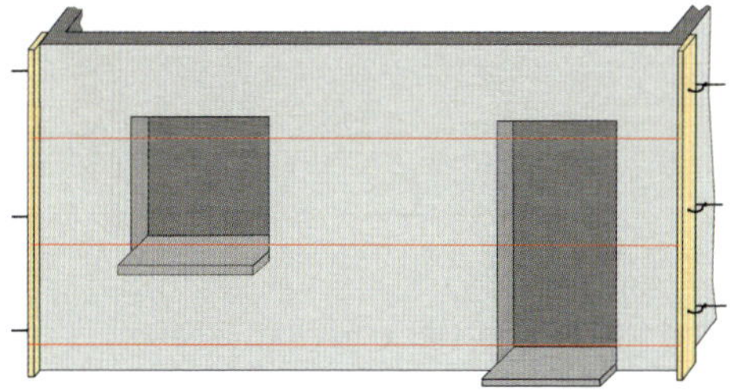

- **Plaquer** contre les tableaux des ouvertures les règles d'arêtes des jambages et sous linteau.
- **Caler, régler et contrôler** la verticalité au fil à plomb.

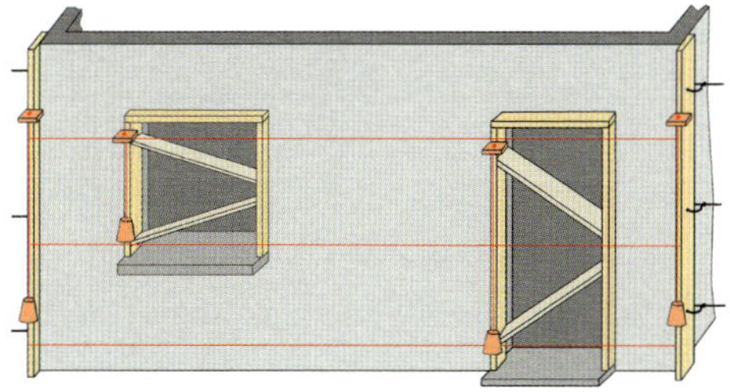

Réalisation des nus intermédiaires en cas de longueur de façade importante. Cette méthode de mise en œuvre permet d'obtenir un rendu parfaitement dressé.

- Poser une cale au niveau à l'aide du cordeau et maintenue par du mortier.

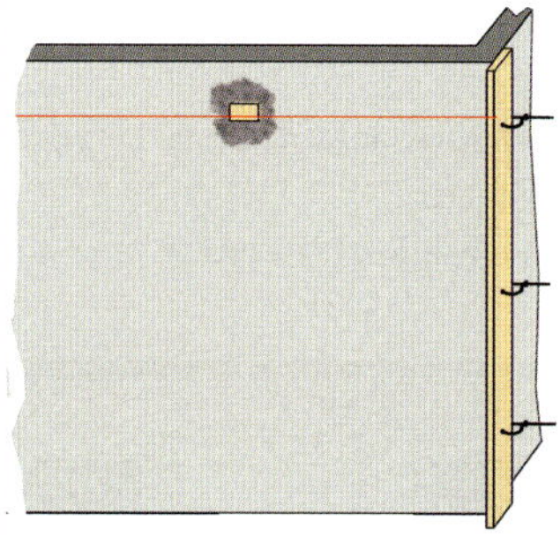

- Poser une deuxième cale en bas du mur réglée au fil à plomb.

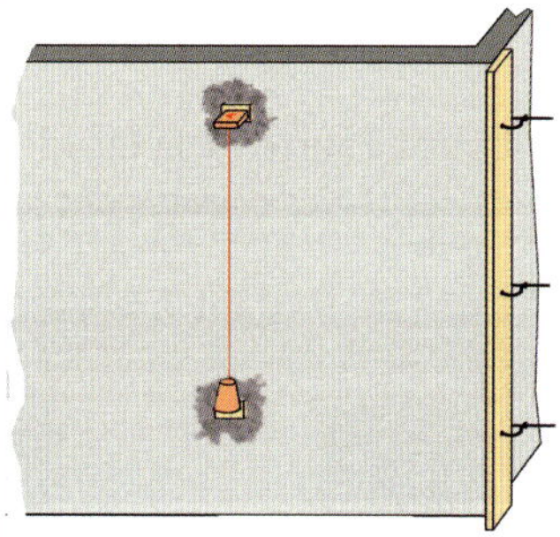

- Tirer à la règle une bande de mortier entre ces 2 cales.

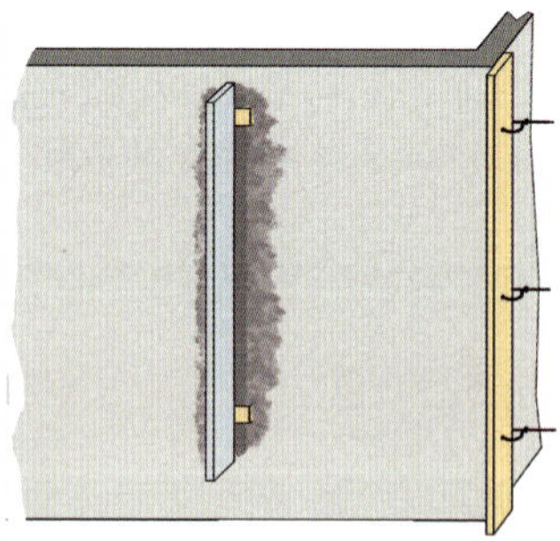

Pose des règles pour enduit sur tableau de baies et sous linteaux (après réalisation du corps d'enduit)

- Après réalisation de l'enduit façade, **déposer** les règles de jambages et sous linteau et les nettoyer.
- **Poser** les règles de jambages plaquées à la façade. Le maintien se fera à l'aide de chevillettes, cerces ou serre-joints.
- **Tracer** un repère sur le chambranle du châssis de l'ouverture pour déterminer l'épaisseur de l'enduit.
- **Caler, régler.**
- **Contrôler** la verticalité au fil à plomb.

Pose de baguettes d'angles (métal ou résine)

La pose des baguettes d'angles est souvent utilisée pour un enduit monocouche.

- **Découper** les baguettes aux dimensions.
- **Coller** les baguettes avec des plots d'enduits en contrôlant la verticalité ou l'horizontalité.

Matériel
- Échafaudage
- Bâches
- Marteau de coffreur
- Cordeaux, fil à plomb, niveau
- Chevillettes pour fixer les nus (lattes ou règles)
- Scie à métaux pour couper les renforts et les règles

Consommables
- Règles en bois ou métal
- Baguettes d'angle

EPI
- Vêtement de travail
- Casque de protection
- Lunettes anti-projections
- Gants
- Chaussures de sécurité

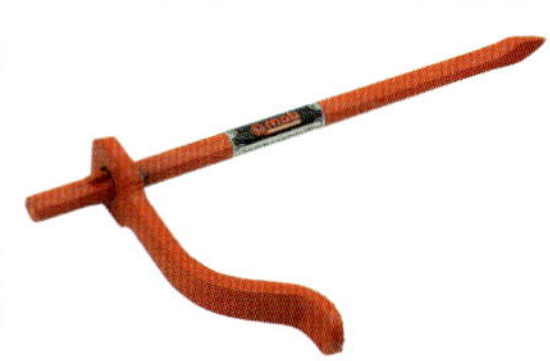

Chevillette de maçon

Activité 19 Appliquer le mortier d'enduit

La réalisation d'un enduit traditionnel ou monocouche est un travail d'équipe. L'organisation et la coordination des différentes tâches permet de réaliser un ouvrage qui répond aux exigences du cahier des charges et du (ou des) prescripteur(s).

MODE OPÉRATOIRE

Appliquer le mortier de façon traditionnelle

Application d'un gobetis

- **Organiser** le poste de travail.
- **Poser** une planche au pied du mur afin de ramasser le mortier tombé au sol.
- **Verser** le mortier liquide dans un bac.
- **Prendre** avec la truelle une petite quantité de mortier et le placer sur la taloche. Le mortier ne doit pas couler sur les côtés de la taloche.
- **Projeter** en commençant à la partie supérieure en jetant de haut en bas en reculant ou en avançant suivant la configuration du lieu. Suivant le sens du travail, la prise du mortier sur la taloche se fera soit par une prise du mortier sur l'extérieur ou à l'intérieur (devant soi).
- **Malaxer** fréquemment le mortier pour maintenir sa bonne consistance et éviter le dépôt des granulats dans le fond du bac.
- **Projeter** le mortier en l'étalant au « jeté ». Seul est concerné le mouvement du poignet.
- **Ajuster** les coups de truelle. Chaque truelle recouvre légèrement la précédente. Le recouvrement de la surface doit être régulier et uniforme. Éventuellement combler les manques. Le mortier doit avoir un aspect brut de projection.
- **Récupérer**, si possible, le mortier tombé lors de la projection, le réintroduire dans le cycle ou l'évacuer comme déchet.

Vue en plan

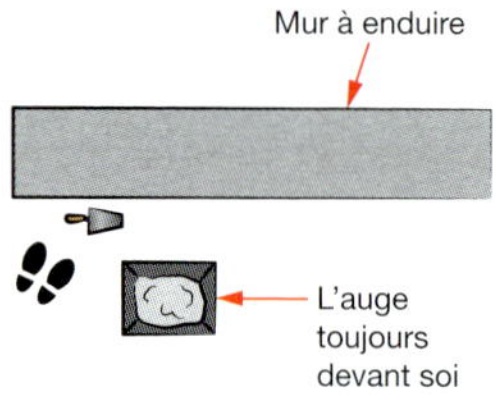

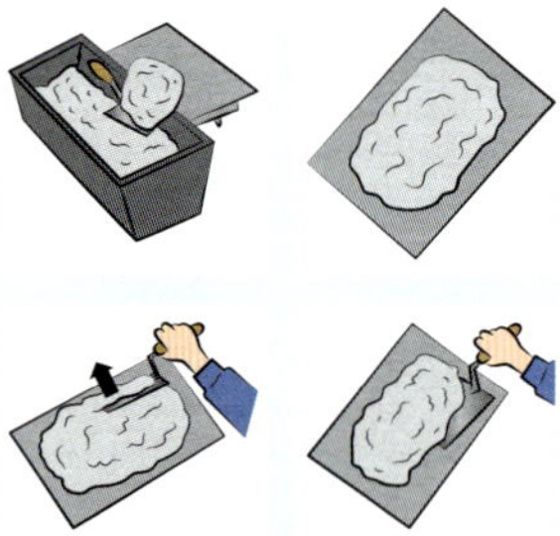

Projection du mortier

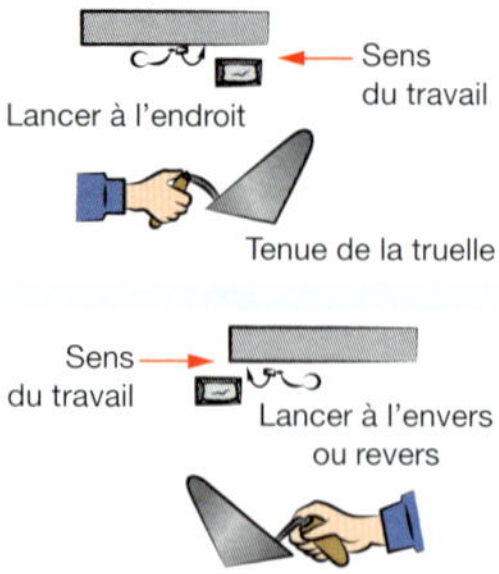

Application d'un corps d'enduit

- **Organiser** le poste de travail.
- **Prendre** le mortier dans le bac et le disposer sur la taloche : le mortier doit avoir une consistance plastique.
- **Projeter** avec la truelle en commençant par le bas en reculant ou en avançant suivant la configuration du lieu.
- **Égaliser** avec le tranchant de la truelle au fur et à mesure de l'avancement.
- **Dresser et serrer** à la règle aluminium. Le dressage se fera en prenant appui sur les nus, les règles d'angles ou des jambages des tableaux. Le serrage se fera grâce aux différents mouvements donnés à la règle d'aluminium.
- En prenant appui et en se plaçant au bas des règles verticales ou des nus, **remonter** la règle par à-coups et **appliquer** un mouvement latéral (droite à gauche) de façon à ne pas arracher le mortier qui vient d'être appliqué.
- **Veiller** à la bonne planéité de la surface enduite.
- Suivant la prescription, l'aspect de surface pourra être laissé en l'état ou taloché plus ou moins finement.

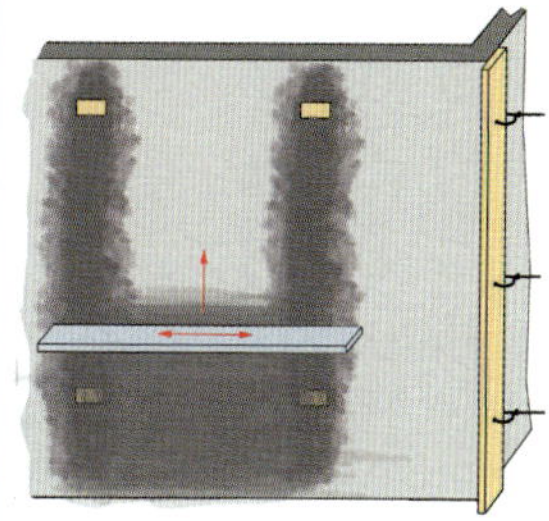

Application de la couche de finition

(principe d'application, suivant produit utilisé)

- **Organiser** le poste de travail.
- **Prendre** le mortier dans le bac et le disposer sur la taloche.
- **Projeter** de façon régulière en commençant à la partie supérieure en jetant de haut en bas, en reculant ou en avançant suivant la configuration du lieu. Le serrage du mortier se fera à la truelle.

- **Appliquer** de haut vers le bas, de droite vers la gauche, par niveau.

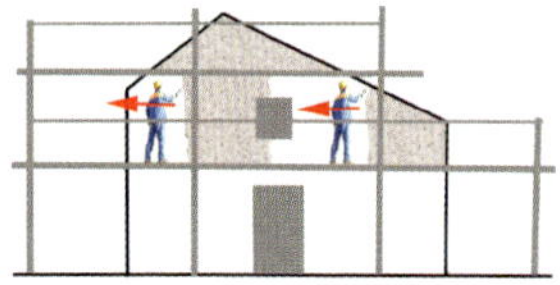

- **Appliquer** de haut vers le bas, de droite vers la gauche, sur une majeure partie de la façade.

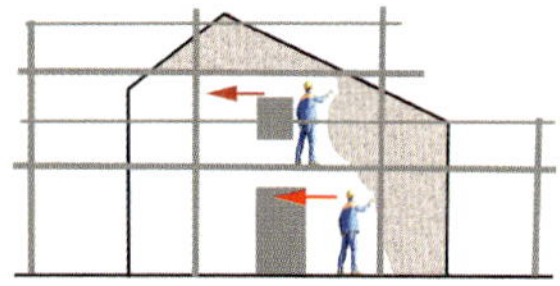

- **Appliquer** de haut vers le bas. Chaque niveau est taloché au fur et à mesure du milieu vers les côtés.

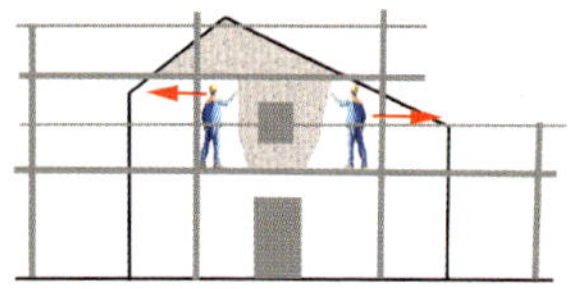

- **Finition talochée :**

Talocher au fur et à mesure de l'application par des mouvements circulaires amples afin d'obtenir une surface plane, régulière et un grain serré.

TALOCHÉ

- **Finition grattée :**

Lorsque l'enduit a durci et suivant les préconisations du fabricant, dès que l'enduit le permet gratter avec un gratton ou taloche à clou. Après grattage, éliminer les poussières avec un balai. Par temps chaud ou vent desséchant, ré-humidifier l'enduit fini 24 heures après sa mise en œuvre. Lors du grattage, réaliser des mouvements amples et circulaires.

GRATTÉ-FIN

- **Finition rustique écrasée :**

Cette finition s'obtient en passant sur les crêtes de l'enduit frais une taloche souple, alvéolée ou inox. Il est préférable que le même opérateur réalise la finition sur l'ensemble de la façade, car son « coup de main » lui est propre et garantira l'uniformité.

RUSTIQUE ECRASÉ

MODE OPÉRATOIRE

Appliquer le mortier par projection mécanique

Application d'un enduit monocouche

- **Organiser** le poste de travail.
- **Vérifier** la qualité et la consistance du mortier.
- **Alimenter** la machine.
- **Projeter** le mortier à la lance : commencer par appliquer une passe sur les angles, puis projeter par sillons horizontaux juxtaposés. Organiser la projection par petites surfaces.

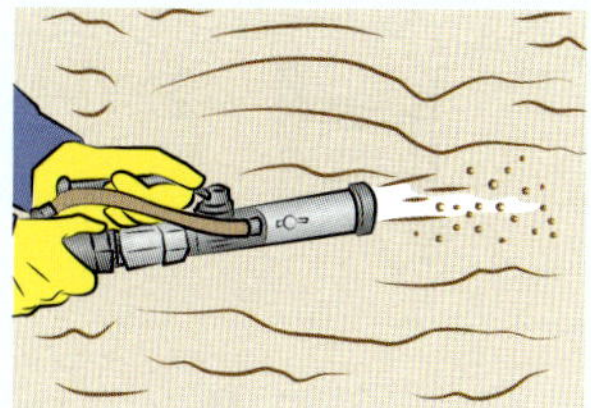

- **Dresser** le mortier à la règle. C'est un équipier qui effectue le dressement pendant que l'autre continue à projeter. Cette opération se fait avec une règle d'enduiseur.
- **Serrer** l'enduit. Cette opération s'effectue à la suite du dressage et avec un couteau large, ou à la taloche d'enduiseur.
- **Appliquer** la deuxième passe pour finitions. Suivant le type de finition, suivre les préconisations des fabricants et le mode d'emploi des produits.

Attention :
- Pour utiliser ce produit en toute sécurité, afin de protéger votre santé et l'environnement, respecter les conseils de prudence qui sont étiquetés sur l'emballage
- Bien nettoyer la machine après utilisation.

À consulter :
- Les fiches techniques des fabricants de produits
- La notice de la machine à projeter.

Matériel
- Échafaudage
- Bâches

Consommables
- Mortier en poudre
- Ruban adhésif

EPI
- Vêtement de travail
- Casque anti-bruit
- Lunettes anti-projections
- Gants
- Chaussures de sécurité
- Masque anti-poussière

La réalisation des enduits verticaux

La réalisation des enduits verticaux est une activité partagée entre le maçon et le peintre en bâtiment. L'activité peut représenter un métier à part entière, celui de **façadier**.

À mi-chemin entre le gros œuvre et la finition : le façadier exerce l'activité qui consiste à protéger, imperméabiliser, isoler et embellir l'extérieur des habitations.

Monter un échafaudage et préparer soigneusement le chantier en protégeant si besoin les ouvertures existantes (portes, fenêtres...).

Savoir préparer tout type d'enduit, qu'il soit lisse ou granulé, coloré ou non. Le façadier doit pouvoir toujours réaliser un enduit identique sur toute la façade, même si celui-ci est fabriqué en plusieurs fois. Un défaut de teinte est immédiatement visible.

Répartir l'enduit de façon régulière et rapide pour éviter un mauvais séchage.

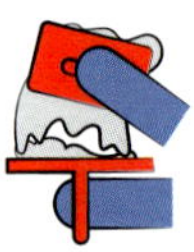

Choisir les bons outils à utiliser en fonction du chantier, qu'il s'agisse d'outils traditionnels et de finition comme la taloche, ou de matériel moderne pour les plus grandes surfaces comme le projeteur d'enduit.

Le maçon façadier peut être amené à réaliser l'isolation d'un bâtiment, extérieure ou intérieure. Il doit donc impérativement maîtriser la réglementation technique en vigueur pour la mise en place des enduits spécifiques et, de manière générale, de l'isolation thermique et acoustique.
Dans le cadre de certains chantiers de rénovation ses compétences peuvent le conduire à réaliser la pose d'enduits décoratifs intérieurs.

CHAPITRE 5

Réalisation des enduits horizontaux et autres éléments de maçonnerie

© Excelsol

Chape béton

Activité 20 Réaliser une chape

La chape permet d'assurer la finition des sols.
Les différents types de chapes :

- la chape refluée : surfaçage du béton fraîchement coulé ;
- la chape incorporée : ajout de mortier sur un béton frais ;
- la chape rapportée : réalisée sur un béton sec, joint de fractionnement tous les 25 m^2 ;
- la chape flottante : réalisée sur un isolant thermique et/ou phonique, y compris ajout d'un treillis soudé.

L'épaisseur de celle-ci dépendra des contraintes liées à la construction, des prescriptions techniques et de la norme en vigueur.
Généralement c'est une mince couche de mortier coulée sur une dalle ou un dallage. Il est à noter que pour une chape rapportée, l'épaisseur minimale est de 4 cm.
La réalisation d'une chape a pour but de rattraper les inégalités du sol ; elle doit donc être d'une planéité irréprochable, résister aux intempéries et à l'usure par frottement (circulation). Par conséquent elle permet d'assurer la finition des sols.
Généralement la chape est réalisée après la mise hors d'eau et hors d'air de la construction, mais aussi après la mise en œuvre de certaines finitions.

Les finitions possibles sur chape

- **Chape refluée :** c'est un surfaçage du béton fraîchement coulé, il est réalisé mécaniquement avec un hélicoptère.
- **Chape incorporée :** c'est un ajout de mortier sur un béton frais, il est taloché manuellement (avec une taloche).
- **Chape lissée :** c'est un surfaçage à la barbotine (pâte de ciment sans sable et extrêmement fluide) ; la barbotine sera travaillée à la lisseuse.
- **Chape bouchardée :** la finition sera réalisée avec une boucharde manuelle.
- **Enduit de sol :** pour niveler les planchers et réaliser la pose de sol mince ou de revêtements collés.
- **Autres :** pose d'un revêtement souple, carrelage, peinture de sol… suivant prescriptions.

Les adjuvants

- **Ajout** d'hydrofuge de masse, durcisseur de surface…

Les joints de fractionnement

- Pour des surfaces importantes, n'hésitez pas à réaliser des joints de fractionnement tous les 25 m^2 maximum.

Réaliser une chape rapportée

- **Organiser** le poste de travail.
- **Tracer** le trait de niveau généralement à un mètre du sol fini et au plus près de la porte d'entrée ou de l'ouverture principale.
- **Reporter** le repère sur les angles des murs puis taper le trait bleu au cordon.
- **Contrôler** les hauteurs des décaissés.
- **Nettoyer** le support, éliminer les bosses et les bavures de béton et balayer la surface.
- **Poser** un joint de dilatation en périphérie de la pièce.
- **Humidifier** le support (dalle ou dallage) et préparer la résine d'accrochage suivant les préconisations du fabricant.
- **Étaler** une fine pellicule de mortier, puis asperger la résine d'accrochage et mélanger. Si le mortier est préparé sur chantier, utiliser des granulats de qualité, et une eau claire. La destination de la chape déterminera son dosage. Un adjuvant peut être ajouté suivant prescription. Le mortier doit être très peu mouillé.
- **Réaliser** les guides ou nus à la périphérie des murs. Déterminer et régler leurs hauteurs en fonction du trait de niveau.
- **Étaler** le mortier entre chaque nu, tasser, dresser et talocher. Un bon état de surface dépendra de la qualité du mortier.

© Lafarge

Activité 21 Réaliser un appui de fenêtre

Appui

L'appui est situé en partie inférieure de l'ouverture, posé sur l'allège de la maçonnerie.

Il peut être fabriqué sur place avec divers matériaux, briques, pierre et béton, préfabriqué en usine ou sur chantier en béton.

Les fonctions d'un appui sont :

- d'écouler l'eau de pluie ;
- de protéger le mur d'allège ;
- de servir de repos à la menuiserie.

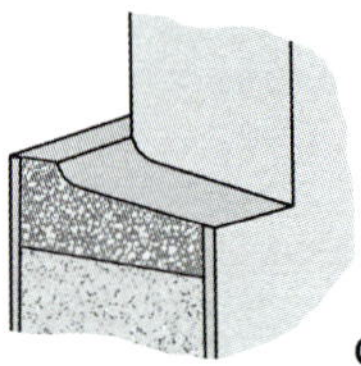

APPUI ARASÉ

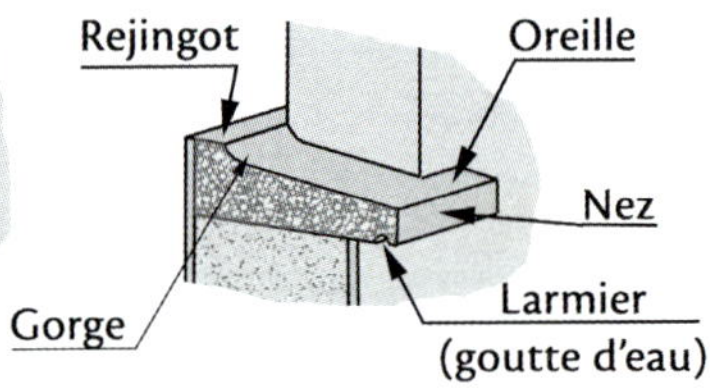

APPUI AVEC OREILLES

Les différents types d'appui

Appuis de fenêtre

- Béton coffré
- Éléments maçonnés
- Préfabriqué monolithe

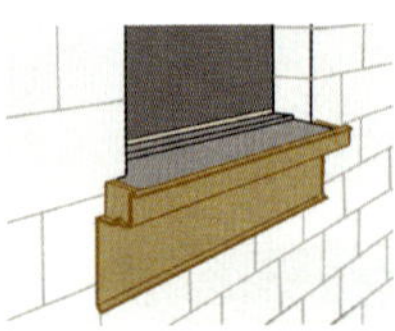

© Bouyer Leroux bio'bric

© Terreal

Réaliser un appui en béton coffré sur place

- **Vérifier** le type d'appui à mettre en place.
- **Nettoyer et huiler** le coffrage.
- **Tracer** à partir du trait de niveau la hauteur du rejingot et **contrôler** la hauteur de baie.
- **Préparer** le matériel adapté aux travaux.
- **Porter** les EPI.
- **Tracer** le niveau du coffrage côté extérieur.
- **Fixer** des repos provisoires sur l'extérieur de l'ouverture et **poser** le fond de moule.
- **Poser** les coffrages d'about et la joue intérieure.
- **Régler** le coffrage de niveau et **contrôler** la hauteur de baie.

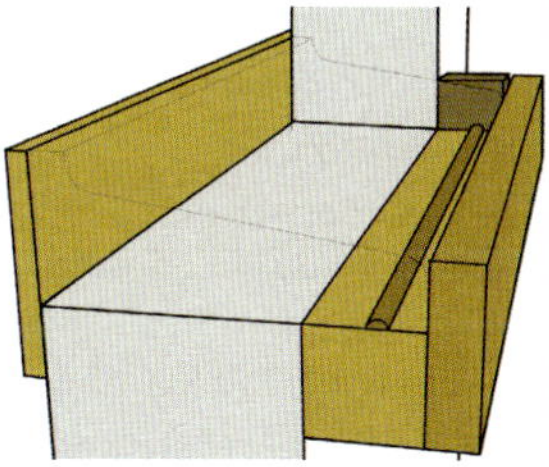

- **Humidifier** le support et **enduire** le fond de moule de mortier.
- **Couler** une couche de béton.

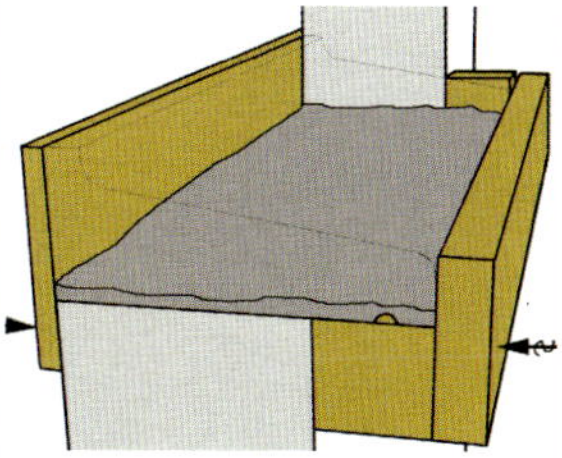

▸ **Poser** un ferraillage (suivant prescription).

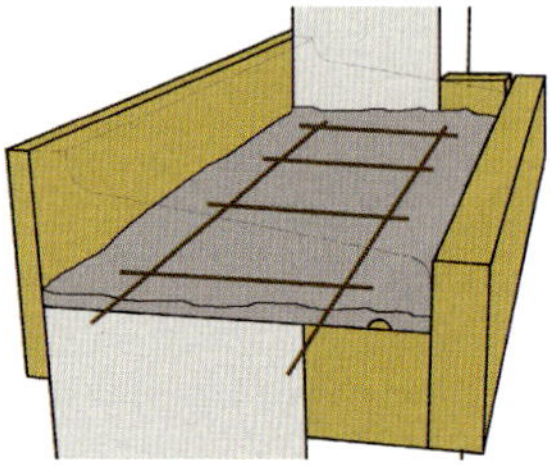

▸ **Couler, tasser** le reste du béton.

▸ **Réaliser** le rejingot, si besoin avec un gabarit.

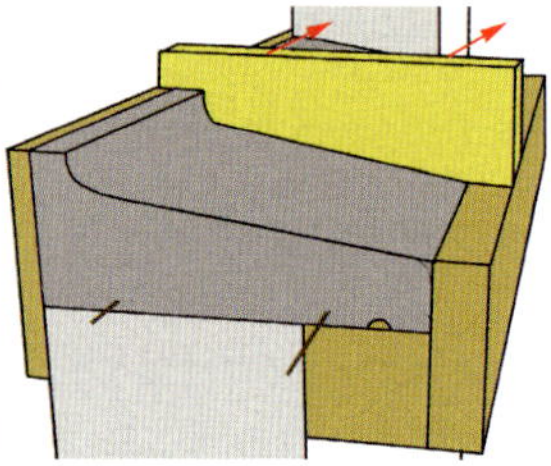

▸ **Dresser** l'arête du rejingot et **lisser** la gorge.

▸ **Réaliser** un chanfrein sur la largeur du tableau.

▸ **Décoffrer** après séchage en effectuant les opérations à l'inverse du montage.

Attention

– Le mortier utilisé est un mortier très riche, de type CEM II, dosé à environ 500 kg/m^3

– Le béton utilisé est de type CEM II, dosé à environ 350 kg/m^3 de mélange

– Tasser correctement afin d'assurer un bon serrage du béton.

Remarque : *Avec un moule métallique entretenu et bien graissé, la finition sera parfaite.*

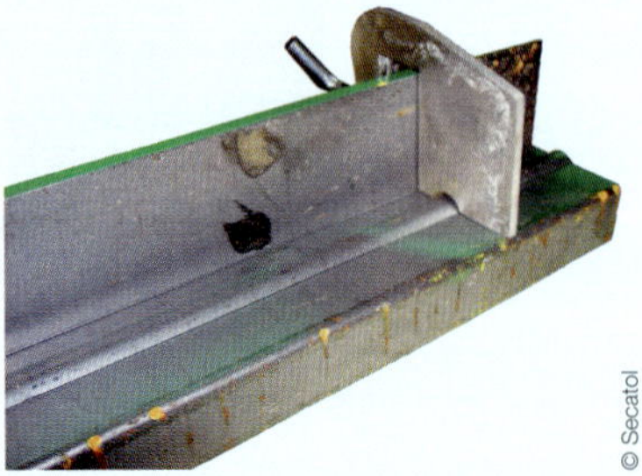

© Secatol

Matériel

- Échafaudage
- Mètre, crayon, marteau, niveau à bulle
- Serre-joint, chevillette
- Truelle, lisseuse, fer à gorge
- Bois de coffrage ou coffrage métallique prêt à l'emploi

Consommables

- Eau
- Granulat
- Liant
- Armature

EPI

- Vêtement de travail
- Casque de protection
- Lunettes anti-projections
- Gants
- Chaussures de sécurité

Réaliser un appui en béton préfabriqué

- **Tracer** à partir du trait de niveau la hauteur du rejingot et **contrôler** la hauteur de baie.

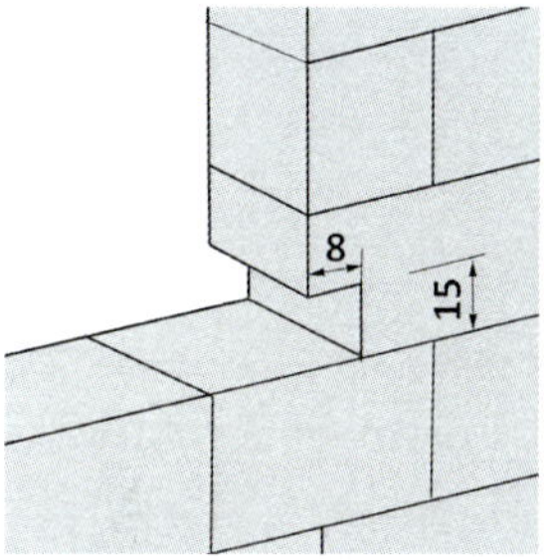

- **Préparer** le matériel adapté aux travaux.
  ➠ **Voir** *fiche technologie associée n° 28 : comment choisir un appui en fonction de la composition du mur ?*

- **Laisser** une réservation dans la maçonnerie pour faciliter la pose et permettre la réalisation d'une étanchéité parfaite entre la maçonnerie et l'appui.

- **Positionner** deux planches de niveau de chaque côté de l'ouverture en tenant compte de l'épaisseur de l'appui.

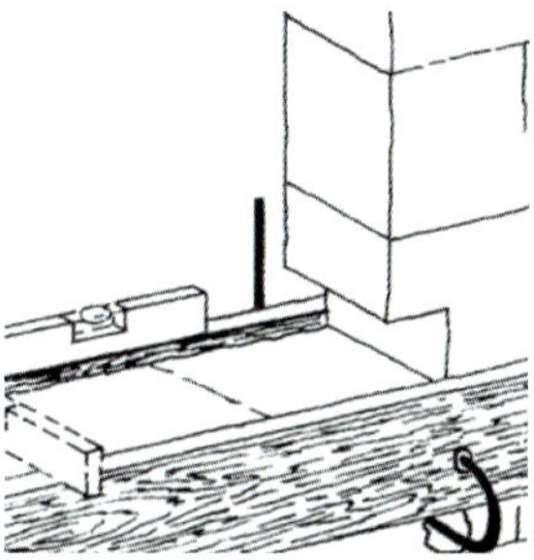

- **Remplir** le coffrage de mortier en réalisant un dôme sur toute la longueur.

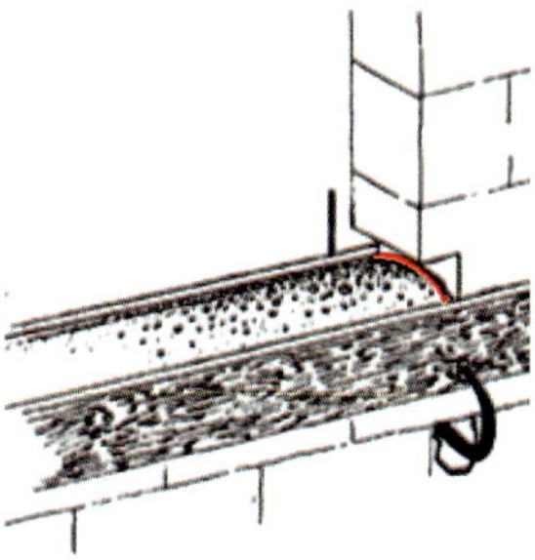

- **Mettre en place** l'appui. Pour absorber une éventuelle dilatation de la maçonnerie, un polystyrène de 5 à 10 mm peut être mis aux extrémités de l'appui.

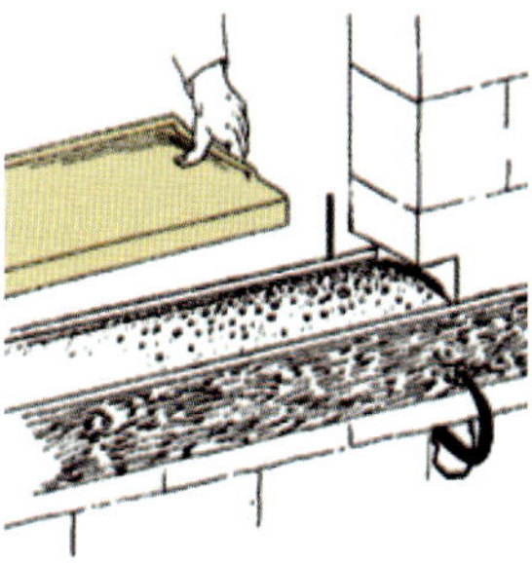

- **Retirer** les planches et **garnir** soigneusement au mortier les réservations latérales noyant ainsi les rejingots latéraux dans la maçonnerie.

- Si nécessaire, bien **regarnir** le joint sous l'appui (A) et **nettoyer** la goutte d'eau (B).

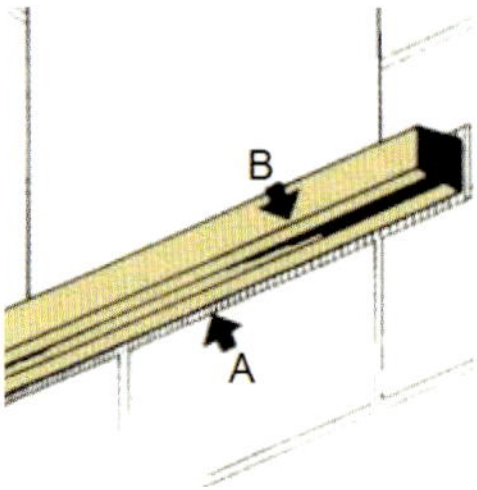

- Pour les appuis assemblés en plusieurs éléments, **incorporer** sous l'appui une membrane d'étanchéité selon le DTU 20.1 et **remplir** le joint avec un mortier à joint souple ou un mortier dans lequel on aura pris soin d'incorporer un adjuvant (durcisseur, hydrofuge, résine, etc.).

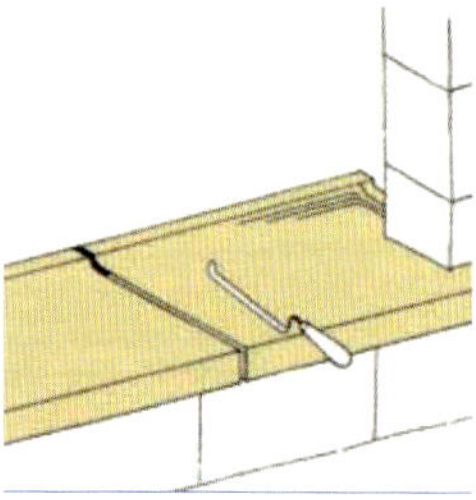

Matériel
- Échafaudage
- Mètre, crayon, marteau, niveau à bulle
- Serre-joints, chevillettes
- Truelle, lisseuse, fer à gorge
- Bois de coffrage

Consommables
- Eau
- Mortier
- Mortier d'étanchéité
- Adjuvants

EPI
- Vêtements de travail
- Casque de protection
- Lunettes anti-projections
- Gants
- Chaussures de sécurité

FICHE N° 28 : comment choisir un appui en fonction de la composition du mur ?

Le choix de la longueur d'un appui ou d'un seuil est déterminé par l'épaisseur du gros œuvre, du complexe isolant et de la longueur de la pièce d'appui de menuiserie.

Le débord de la goutte d'eau doit être supérieur ou au minimum égal à 3 cm par rapport au mur non encore enduit. Toutefois avant la fabrication ou la pose, vérifier les épaisseurs de la finition à appliquer sur les façades.

Le rupteur de pont thermique se pose par collage sur le dos de l'appui.

Exemples de pose :

①

Composition du mur :
15 mm d'enduit monocouche
200 mm bloc béton

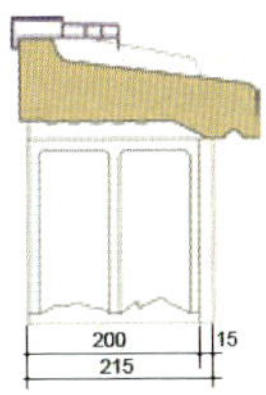

②

Composition du mur :
15 mm d'enduit
300 mm béton cellulaire
8 mm colle BA 13
13 mm BA 13

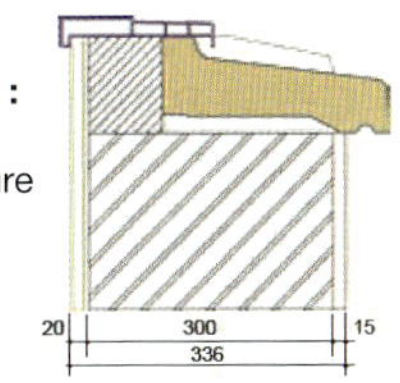

③

Composition du mur :
15 mm d'enduit
37,5 cm de brique monomur
10 mm de plâtre tradi
Pose des menuiseries en tunnel

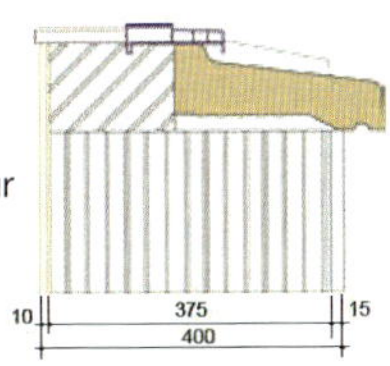

④

Composition du mur :
15 mm d'enduit
200 mm bloc béton
100 mm isolation
13 mm plaque plâtre

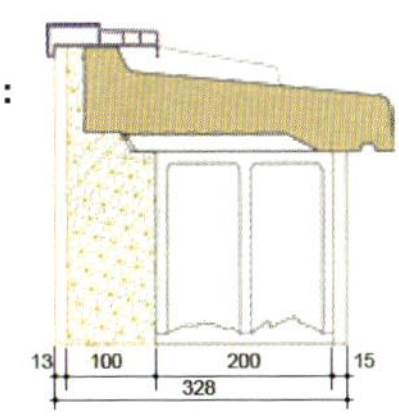

⑤

Composition du mur :
15 mm d'enduit
200 mm bloc béton
160 mm isolation
13 mm plaque plâtre
Rupteur de pont thermique RPTAP5

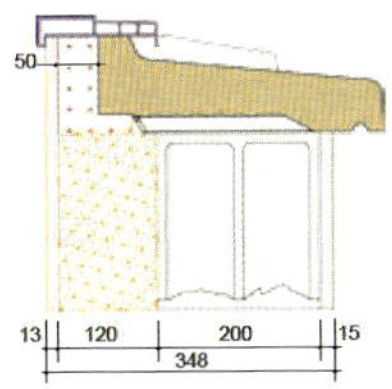

⑥

Composition du mur :
15 mm d'enduit
37,5 cm de brique monomur
10 mm de plâtre tradi

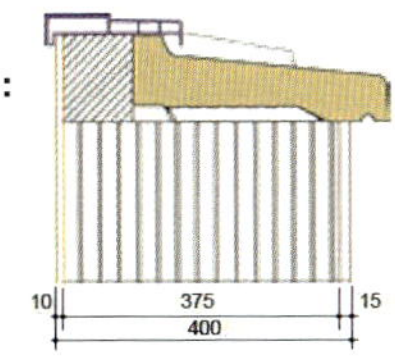

⑦

Composition du mur :
15 mm d'enduit
200 mm bloc béton
160 mm isolation
13 mm plaque plâtre
Rupteur de pont thermique RPTAP5

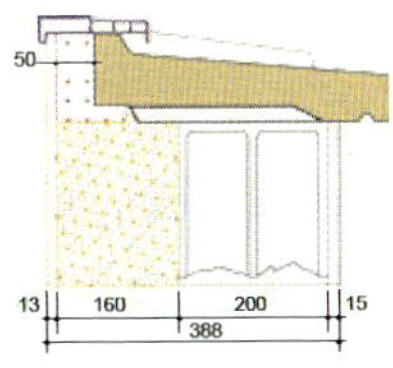

⑧

Composition du mur :
15 mm d'enduit
37,5 cm de brique monomur
10 mm de plâtre tradi

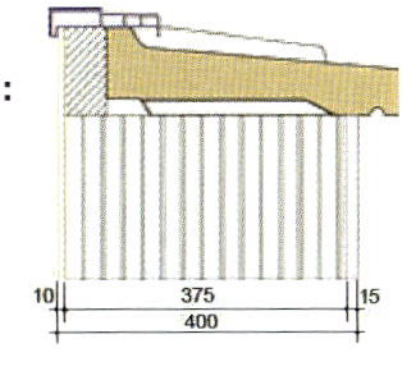

Activité 22 Réaliser un seuil

Le seuil est situé en partie inférieure de la baie, sur la zone de passage.
Les fonctions d'un seuil sont d'évacuer l'eau de ruissellement vers l'extérieur et d'empêcher l'eau de pluie d'entrer dans le bâtiment.

Les différents seuils

Seuil sans nez avec pièce d'appui en métal (généralement alliage léger).

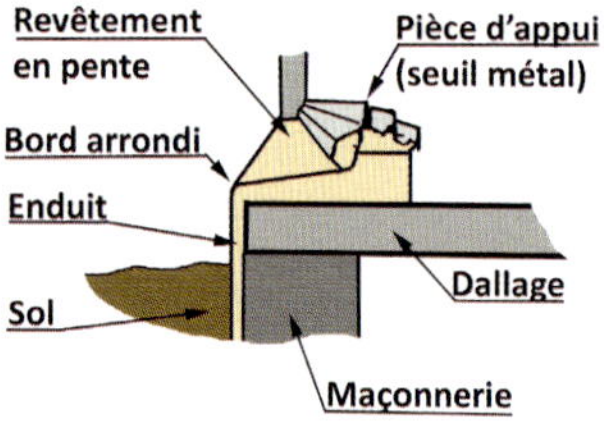

Seuil avec nez, réalisé sur place ou préfabriqué, avec ou sans larmier.
Une pièce d'appui recouvre le rejingot.

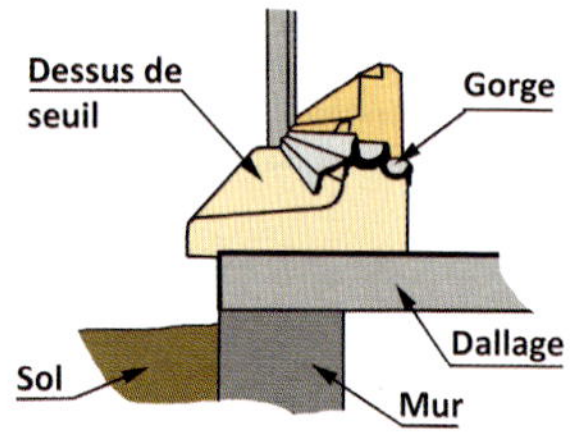

Seuil abrité par un auvent sans pièce d'appui.
Le carrelage intérieur forme une butée et s'oppose à la pénétration de l'eau.

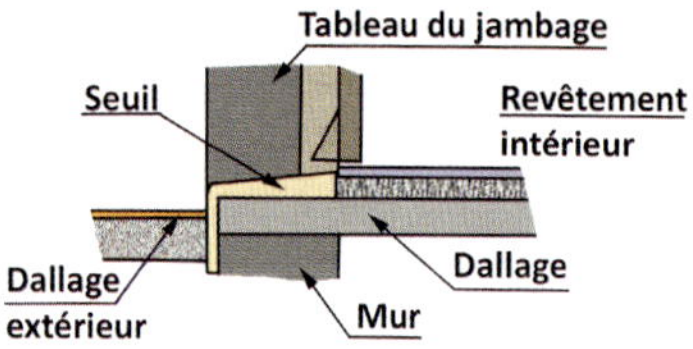

MODE OPÉRATOIRE

Réaliser un seuil par coffrage

- **Vérifier** le type de seuil à mettre en place, avec ou sans rejingot.
- **Nettoyer et contrôler** les bois de coffrage.
- **Tracer** à partir du trait de niveau la hauteur du seuil et **contrôler** la hauteur de baie.
- **Préparer** le support, piquer si besoin.
- **Tracer** le niveau du seuil.
- **Poser** le coffrage.
- **Serrer et régler** le coffrage de niveau.

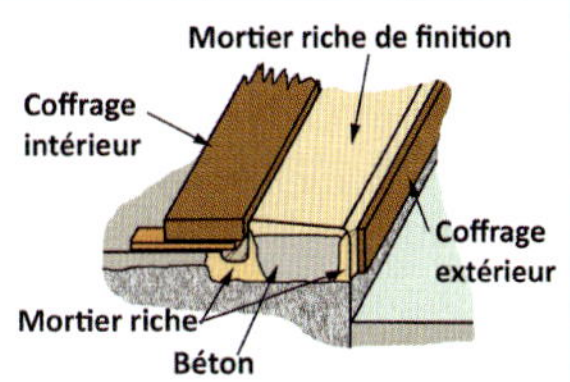

- **Contrôler** la hauteur de baie.
- **Appliquer** une résine d'accrochage.
- **Étaler et serrer** le mortier.
- **Réaliser** si besoin le rejingot.
- **Dresser, talocher et lisser** la surface du seuil.
- **Réaliser** une finition lissée ou bouchardée.

- **Réaliser** le nez de marche au fer à bordure.

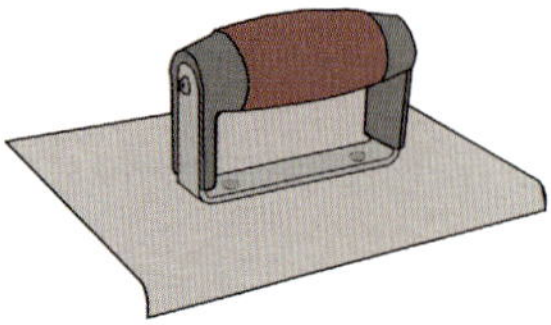

- **Décoffrer** après séchage en effectuant les opérations à l'inverse du montage.

Attention

– Le mortier utilisé est un mortier très riche, de type CEM II, dosé à environ 500 kg/m^3

– Le béton utilisé est de type : CEM II, dosé à environ 350 kg/m^3

– Damer, serrer et lisser les granulats correctement. La tenue dans le temps n'en sera que meilleure.

Remarque : *L'utilisation d'un fer à bordure donne une forme arrondie à l'arête. La résistance est bien meilleure qu'avec une arête vive.*

Le passage de la boucharde permet d'obtenir une surface légèrement rugueuse, donc antidérapante.

Matériel

- Mètre, crayon, marteau, niveau à bulle
- Serre-joints, chevillette
- Truelle, lisseuse, fer à gorge, fer à bordure
- Bois de coffrage

Consommables

- Eau
- Granulat
- Liant

EPI

- Vêtement de travail
- Casque de protection
- Lunettes anti-projections
- Gants
- Chaussures de sécurité
- Genouillères

Activité 23 Réaliser un becquet d'étanchéité

Le becquet d'étanchéité ou bandeau saillant est un petit ouvrage en saillie sur un mur ou un acrotère haut empêchant les infiltrations d'eau derrière le relevé d'étanchéité.
La fonction d'un becquet est d'écarter du mur l'eau de pluie afin de protéger la partie haute de l'étanchéité. Celle-ci ne se décollera pas de son support.

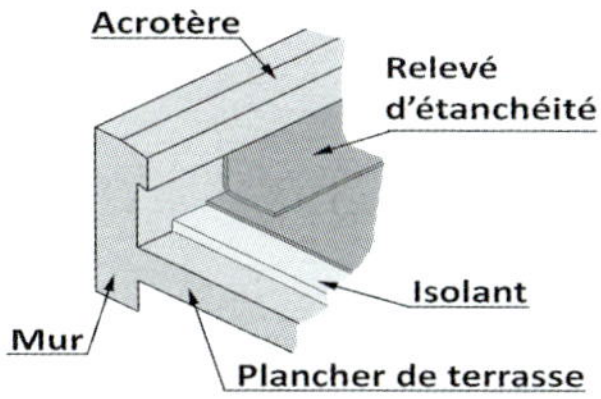

Becquet fabriqué sur place

Le becquet est coulé dans un coffrage réalisé lors de la construction.
Il fait donc partie intégrante du mur.

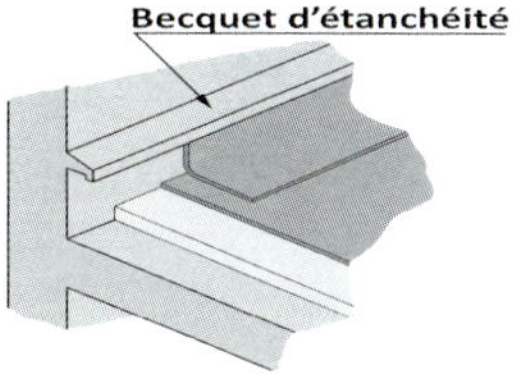

Becquet préfabriqué

Le béquet préfabriqué est attaché sur le mur par un système de fixations, souvent mécaniques (vis, etc.).
Il est nécessaire de réaliser un joint d'étanchéité avec du mastic (ou colle) entre le becquet et le mur.

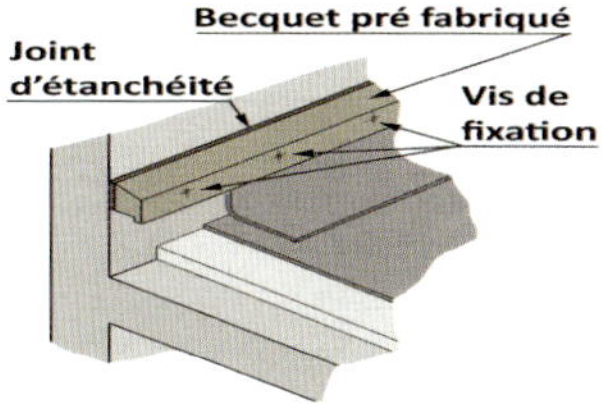

Solin

Le becquet peut être réalisé avec une pièce métallique (solin) fixée dans une rainure (engravure) préalablement réalisée dans le mur par entaille ou réservation.
Le solin est fixé au mur par du mortier.

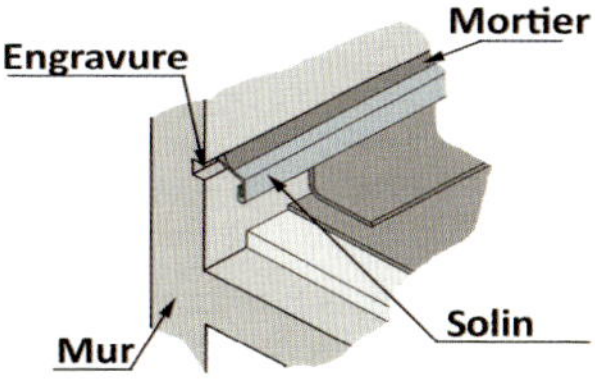

Réalisation d'un becquet d'étanchéité par coffrage

- **Organiser** le poste de travail et s'équiper des EPI.
- **Tracer** le positionnement du becquet d'étanchéité.
- **Poser** des armatures s'il n'y a pas d'acier en attente.
- **Préparer, assembler et huiler** le coffrage.
- **Poser, serrer et régler** le coffrage.
- **Humidifier** le support.
- **Couler et vibrer** le béton.
- **Ajuster** la pente.
- **Décoffrer** après séchage en effectuant les opérations à l'inverse du montage.

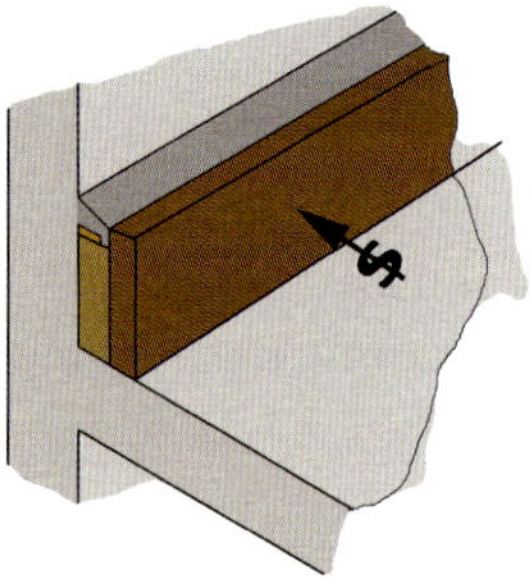

Attention

– La pente sur la partie supérieure du becquet doit être suffisamment importante pour assurer l'évacuation de l'eau

– Veiller à une bonne adhérence du mortier du becquet avec le mur afin d'assurer une étanchéité parfaite

– Suivant le type d'ouvrage, l'ajout d'un adjuvant peut être préconisé.

Matériel

- Mètre, crayon, marteau, niveau à bulle
- Serre-joints, chevillette
- Truelle, lisseuse
- Bois de coffrage

Consommables

- Eau
- Granulat
- Liant
- Adjuvant

EPI

- Vêtement de travail
- Casque de protection
- Lunettes anti-projections
- Gants
- Chaussures de sécurité
- Genouillères

Activité 24 Réaliser un scellement

Un scellement consiste à fixer, de façon définitive, une pièce dans une maçonnerie, cette pièce étant insérée dans une cavité remplie de mortier ou de résine.

Assemblage d'éléments préfabriqués

Le scellement doit être en mesure de résister aux contraintes dues par exemple au vent, aux poids des pièces supportées et autres efforts existant dans la structure.

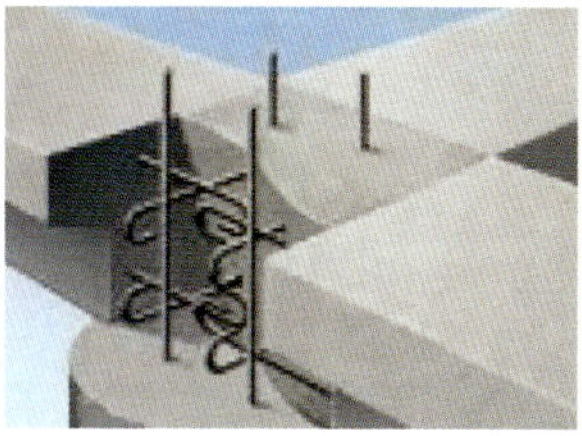

Scellement, calage de platine

Ces scellements doivent résister aux efforts exercés sur les platines : forte compression, chocs, arrachement, traction, fortes sollicitations dynamiques.

Scellement d'ancrage

Ces scellements doivent solidariser deux pièces, généralement en béton, au moyen d'un ancrage réalisé par des pièces métalliques (fer à béton, etc.).

Remarque : *Pour les scellements réalisés avec de la résine, il est important de lire la notice d'emploi.*

➠ **Voir** *fiche technologie associée n° 29 : comment réaliser un scellement de fer à béton avec de la résine ?*

MODE OPÉRATOIRE

Réaliser le scellement d'une pièce dans un mur

- **Organiser** le poste de travail et porter les EPI.
- **Repérer et tracer** le positionnement du scellement.
- **Réaliser** la cavité ou réservation de forme trapézoïdale afin de répondre aux contraintes de traction.

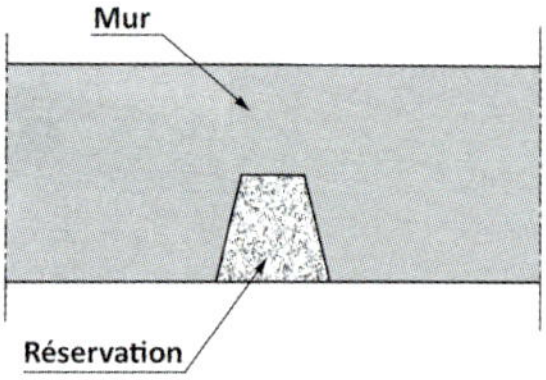

- **Nettoyer :** il est important de bien mettre à nu et d'enlever toutes les parties non solidaires.
- **Projeter** de l'eau afin de bien nettoyer et d'humidifier le support.
- **Vérifier** les tracés.
- **Préparer et poser** le repos provisoire.
- **Réaliser** le mortier.
- **Charger** la cavité de mortier et **enfoncer** la pièce, la faire appuyer sur le repos provisoire.
- **Positionner** aux mesures demandées, afin de réaliser une finition soignée au mortier.
  Il est possible d'insérer de petites pierres dans le scellement : celles-ci permettront de bloquer la pièce et aussi de renforcer le scellement.

! Pour un scellement, il est possible d'ajouter au mortier des adjuvants de type accélérateur de prise, durcisseur ou encore du ciment prompt. Dans tous les cas, veiller à suivre les indications techniques liées aux produits utilisés et suivre les prescriptions du cahier des charges de la construction.

Matériel
- Mètre, truelle, crayon, niveau à bulle, marteau
- Chevillette

Consommables
- Eau
- Granulat
- Liant

EPI
- Vêtement de travail
- Casque de protection
- Lunettes anti-projections
- Gants
- Chaussures de sécurité
- Casque anti-bruit

FICHE N° 29 : comment réaliser un scellement de fer à béton avec de la résine ?

L'ancrage du fer à béton est réalisé en perçant des trous dont le diamètre correspond au diamètre du fer.

© Spit

En cas de mur en béton armé, le forage doit éviter les armatures. En cas d'échec et d'abandon du forage il faudra boucher le trou avec de la résine et procéder à un nouveau forage.

Nettoyage du trou

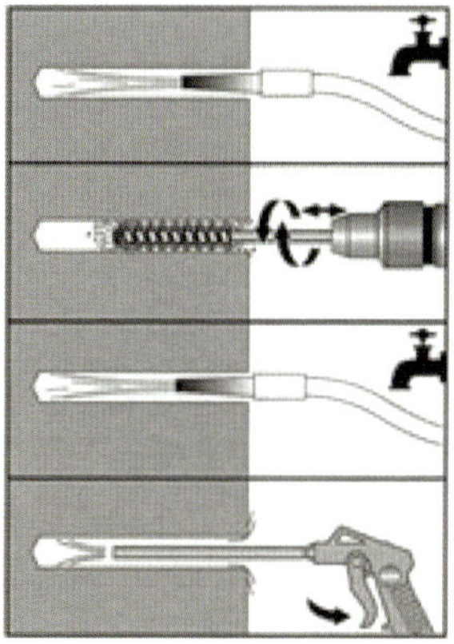

© Spit

Après le forage, nettoyer le trou à l'eau jusqu'à ce que l'eau devienne claire (introduire le tuyau dans le fond du trou)

Brosser le trou à l'aide d'un écouvillon adapté au diamètre du trou (utiliser des rallonges en cas de trou profond)

Après brossage, nettoyer le trou à l'eau en commençant par le fond du trou, jusqu'à ce que l'eau devienne claire

Souffler en commençant par le fond du trou et en remontant progressivement pour évacuer l'eau

Réalisation du scellement

① Mise en place de la cartouche sur l'outil d'injection

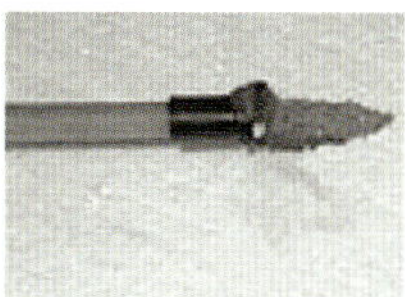

② Faire couler un cordon de résine pour obtenir un mélange homogène

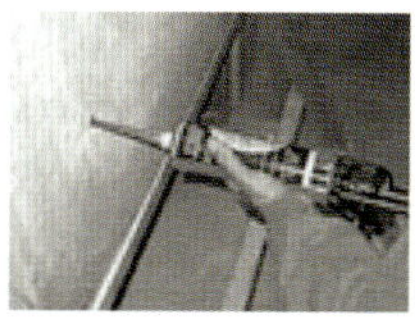

③ Injecter à partir du fond du trou et remplir la moitié du volume (utiliser une rallonge de buse si besoin ; pour faciliter l'injection indiquer un repère sur la rallonge)

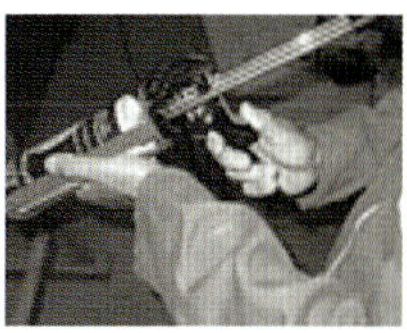

④ Débrayer l'outil en fin d'injection

⑤ Mise en place du fer à béton (rotation)

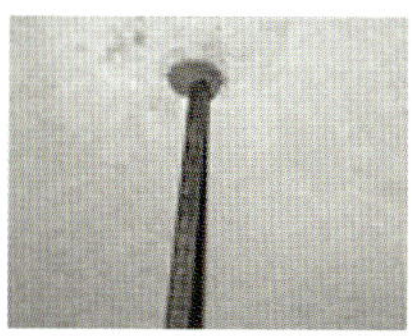

⑥ Attendre le temps de polymérisation complet avant mise en charge

© Spit

FICHE SYNTHÈSE

Les enduits horizontaux et autres éléments de maçonnerie

Les autres éléments d'architecture : bandeau, corniches, encadrements de baies, colonnes et chapiteaux, etc., peuvent être réalisés selon les techniques vues dans ce chapitre, soit par coffrage sur place, soit par réalisation en usine sous forme d'éléments préfabriqués.

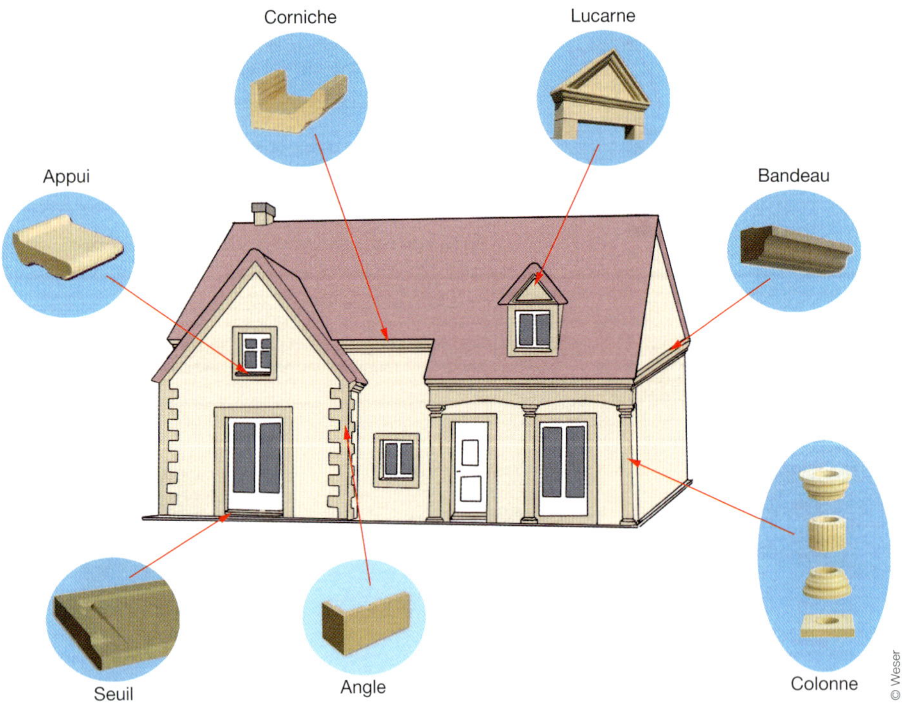

CHAPITRE 6

Réalisation des fouilles pour fondations et réseaux d'assainissement

© Fotolia.com

Fondations

Activité 25 Réaliser les fondations

La phase « fondation » est une étape incontournable de la construction d'un bâtiment. Elle forme une assise et apporte la stabilité à l'ensemble de la construction.

Les fondations permettent de :
- supporter les charges de la construction (charges propres et d'exploitations) et de les répartir sur le sol ;
- s'opposer au tassement du sol et à l'enfoncement de la construction dans celui-ci.

Cette interface sera optimum si la fondation est reliée à la construction par des armatures et que son encrage au sol est en adéquation avec l'ouvrage.

1 Le classement des fondations

1re catégorie : fondations superficielles

Elles correspondent aux types d'assises mises en place sur les sols et capables de reprendre les charges d'une structure en entraînant un tassement minimum.

- **Semelle filante :** Type d'assise située sous un mur, transmettant une charge répartie.

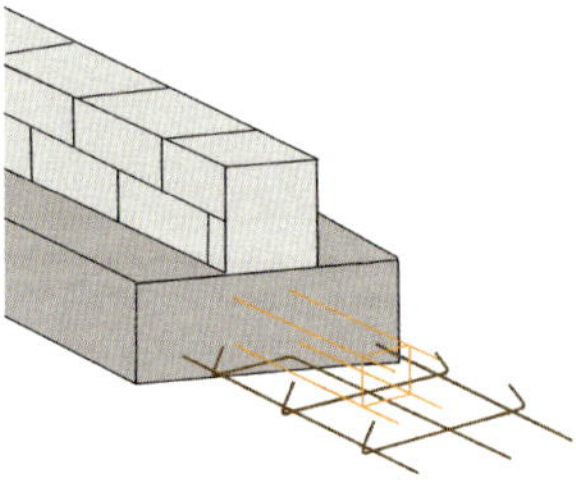

- **Semelle isolée :** Type d'assise située sous un poteau, transmettant une charge ponctuelle.

➠ **Voir** *fiche technologie associée n° 30 : comment se comporte une semelle sous l'effet de la charge ?*

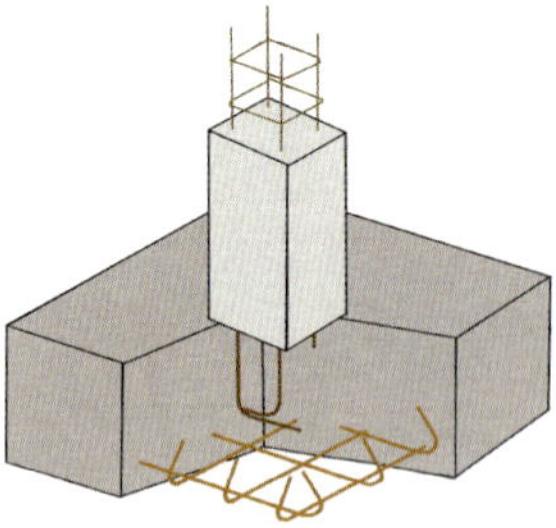

- **Radier général** : s'applique aux terrains sur lesquels une construction sur de simples fondations n'est pas possible. La technicité du radier est d'une grande importance : il est obligatoire de réaliser au préalable une étude béton armé.

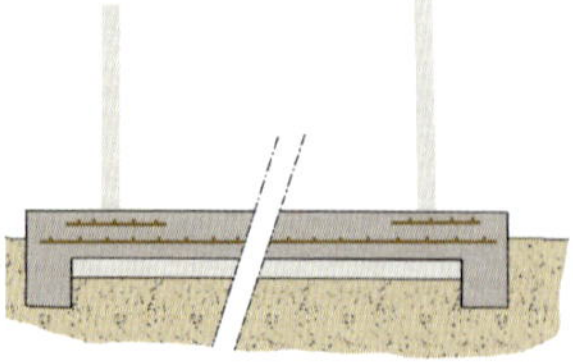

2e catégorie : fondations profondes et semi-profondes

Ce sont des structures qui permettent de fonder une construction en profondeur lorsqu'en surface le sol ne peut résister à une contrainte.

- **Fondation semi-profonde : le puits.** Ce type de fondation est utilisé dans le cas d'un sol stable en faible profondeur, entre 3 et 6 m. Il convient parfaitement lorsque les fondations profondes ne sont pas nécessaires ; l'aspect économique n'est pas à négliger.
- **Fondation profonde : le pieu.** Ce type de fondation est utilisé dans le cas d'un sol stable à une profondeur supérieure à 6 voire 8 m. Il existe différents types de fondations en pieux : pieux battus, forés, foncés avec ou sans refoulement du sol, micropieux, palplanches...

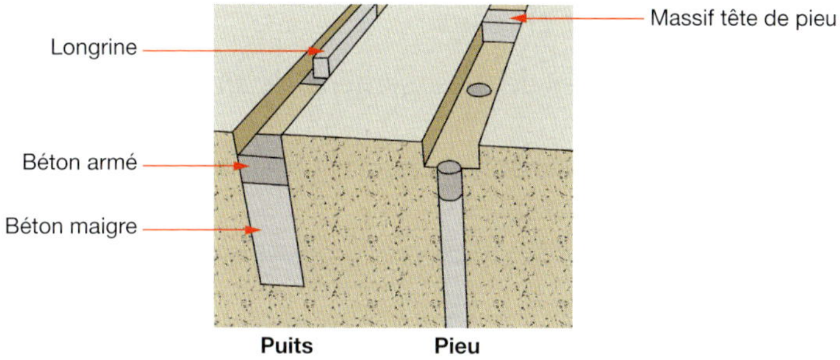

- **Fondation profonde par paroi moulée :** c'est un dispositif de soutènement, de blindage et de fondation profonde réalisé en béton armé coulé dans le sol, avec maintien des terres par une boue thixotropique.

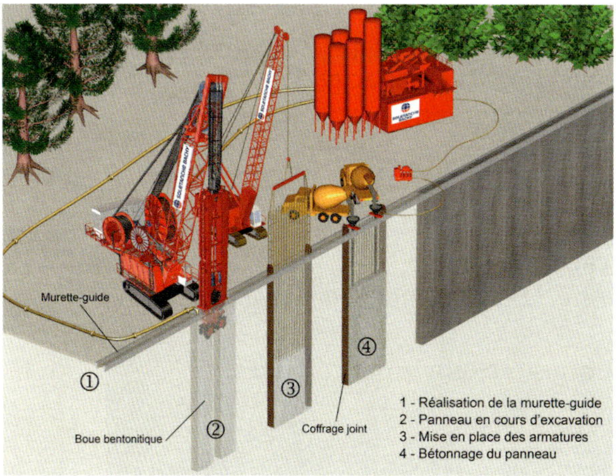

© Soletanche Bachy

➠ **Voir** *fiche technologie associée n° 31 : comment déterminer la fondation appropriée ?*

2 L'implantation d'une fondation

Il faut au minimum les plans de situation, de masse, de coupes, de fondation et de terrassement ainsi que les pièces écrites du « lot fondation » du dossier technique (voir contexte professionnel) pour démarrer l'implantation.
Sur des ouvrages importants, le géomètre réalise des relevés de terrain. Cela se traduit par des plans qui peuvent intégrer le dossier technique.
Après étude du dossier, les références sont reportées sur des points fixes tels que trottoir, plaque d'égout, mur mitoyen… Ces points seront visibles tout au long du chantier et serviront de référence ou de contrôles aux différents ouvrages.
Par la suite, ces références seront reportées sur des chaises d'implantation et seront converties en tracés (voir chapitre 1).

3 L'implantation des chaises

Elle doit tenir compte des zones de terrassement, de circulation et du dénivelé du terrain.
De façon générale, sur les chaises, doivent apparaître le tracé du point de référence, les axes et les épaisseurs des murs.
Afin d'éviter les erreurs, prendre ses mesures toujours en cotes cumulées et à l'horizontale.
L'emprise du bâtiment définit l'implantation du terrassement.
Le plan de terrassement indique les niveaux et les talus ; il est donc important de réaliser le tracé des pieds et des têtes de talus.

4 Le béton de propreté

C'est un béton maigre que l'on dépose au fond d'un terrassement. En cas de pluie, l'eau qui tombe sur un fond de fouille détériore la compacité des terres. Il faut retirer cette terre pour retrouver le bon sol.
Les fonctions du béton de propreté sont de :

- préserver la compacité du sol ;
- niveler le fond de fouille ;
- permettre le traçage ;
- garantir la propreté, la position et l'enrobage des aciers ;
- assurer une bonne mise en œuvre des coffrages (s'il y a lieu).

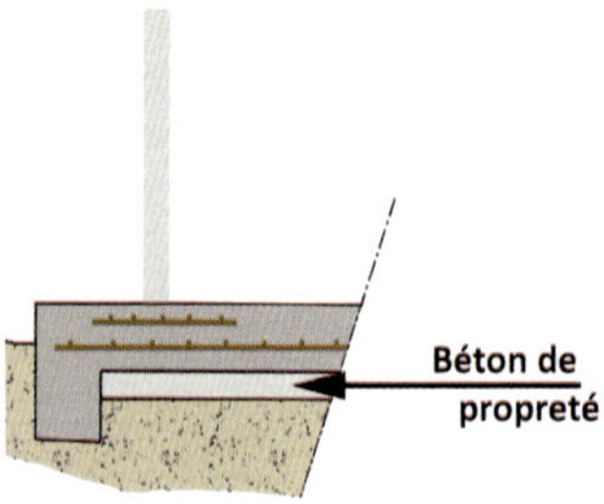

MODE OPÉRATOIRE

Réaliser une fondation superficielle : la semelle filante

- **Réaliser** le décapage des terres végétales.

© Fotolia.com

- **Redescendre** au sol les axes des murs.
- **Tracer** au plâtre l'encombrement des talus s'il y a lieu, des fouilles en rigole et autres massifs. Pour des raisons évidentes de visibilité, le traçage s'effectue au plâtre.
- **Réaliser** le terrassement des fouilles en rigole en utilisant un godet de la largeur de celles-ci.

© Fotolia.com

> ⚠ Lors des terrassements, si une anomalie est constatée (source, poche d'air, vase, etc.), en référer au chef de chantier.

- **Nettoyer,** après terrassement, le fond et les parois des fouilles pour enlever les terres décomprimées.
- **Vérifier** le niveau du fond de fouille.
- **S'assurer** de la mise hors gel des fondations.
  ➟ **Voir** *fiche technologie associée n° 32 : comment mettre hors gel les fondations ?*
- **Planter** des têtes de piquet au fond des fouilles qui serviront de guide de hauteur de terrassement et de repère de niveau lors du coulage du béton de propreté.

- **Couler** le béton de propreté (non armé) immédiatement après le terrassement afin d'éviter la décompression du sol.
- **Verser** le béton maigre et régler suivant les repères (environ 5 cm d'épaisseur).
- **Reporter** l'axe de la file sur le béton de propreté et **tracer** la largeur de la semelle.
- **Tracer** les réservations.
- **Mettre** en place les arrêts de coffrage.
- **Poser** les joues, **régler** d'aplomb, **stabiliser** l'ensemble et **aligner** les joues au cordeau.
- **Contrôler** les armatures et les étiquetages.
- **Fixer** les cales d'enrobage et dans la fondation, **poser** les armatures sur le béton de propreté.
- **Poser** les fourreaux ou autres réservations.
- **Positionner et ligaturer** les armatures pour reprise de bétonnage.

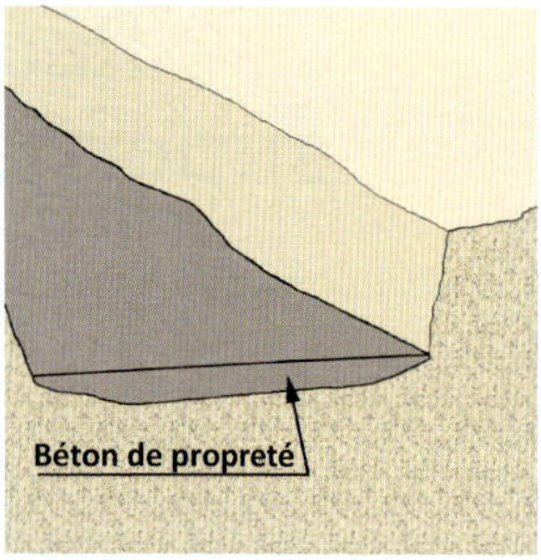

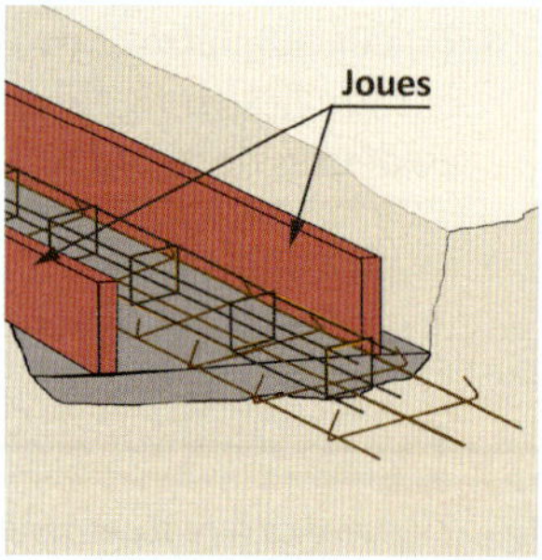

> ⚠ Ne pas oublier de protéger les aciers en attente !

- **Tracer** l'arrêt de bétonnage.
- **Contrôler** l'ensemble des travaux et en particulier la propreté avant le coulage du béton.
- **Contrôler** le béton (caractéristiques conformes) à partir du bon de livraison.

- **Bétonner** les fondations.

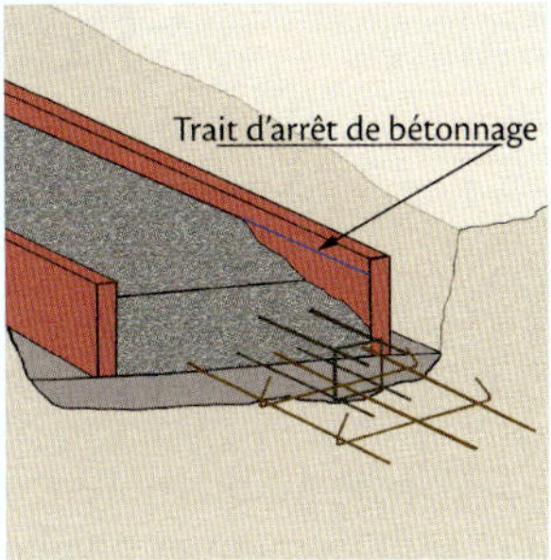

> ⚠ Lors du bétonnage :
> – veiller à ce que la poussée du béton ne déplace pas les aciers ;
> – contrôler le respect des enrobages ;
> – contrôler la bonne tenue des joues du coffrage ;
> – ne pas rajouter d'eau au béton ;
> – réaliser une vibration adéquate.

- **Régler et niveler** le béton sur les repères de hauteur.
- **Réaliser** une finition de surface à la taloche.
- **Contrôler** visuellement et **enlever** d'éventuels éclats de terre tombés sur le béton frais.

Matériel
- Poste de bétonnage équipé, engins de terrassement
- Pelle, balai de cantonnier, seau, balayette, outillage du maçon
- Brouette

Consommables
- Eau, liant, plâtre, armatures

EPI
- Vêtement de travail
- Casque de protection
- Lunettes anti-projections
- Gants
- Chaussures de sécurité
- Casque anti-bruit

MODE OPÉRATOIRE

Réaliser une fondation superficielle : le radier

- **Réaliser** le décapage des terres végétales.
- **Redescendre** au sol les axes des murs.
- **Tracer** au plâtre l'encombrement des talus, **réaliser** le terrassement et **niveler** le fond de forme.

> ⚠ Lors des terrassements, si une anomalie est constatée (exemples : source, poche d'air, vase, etc.) il faut le signaler au chef de chantier.

- **Repérer** les éventuelles traversées de terrain par des réseaux (eau, électricité, gaz…).

> ⚠ Si le terrain est traversé par des réseaux, il faut veiller à ce que la portance ne soit pas modifiée, sous peine d'apparition de désordres dans le radier.

- **Réaliser** le béton de propreté : il garantira le calage et la propreté des aciers et permettra un traçage aisé.

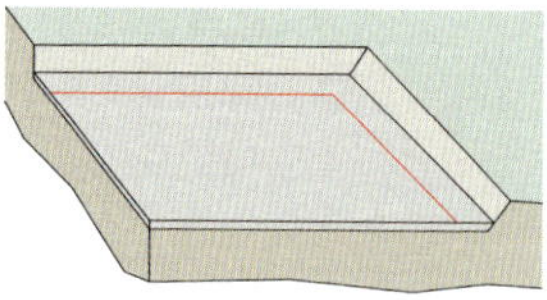

- **Réaliser** le ferraillage du radier.

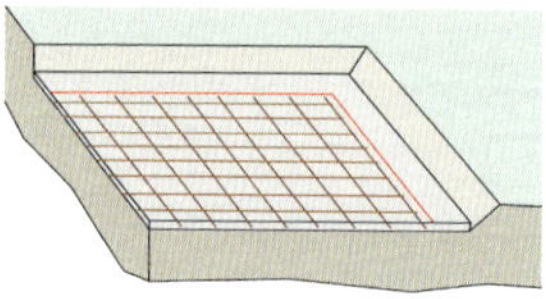

> ⚠ Le ferraillage est une phase importante. Il est impératif de respecter les plans fournis par le bureau d'étude et ne négliger aucun détail.

- **Coffrer et régler** les rives du radier.
- **Contrôler** l'ensemble des travaux, ferraillage et coffrage.

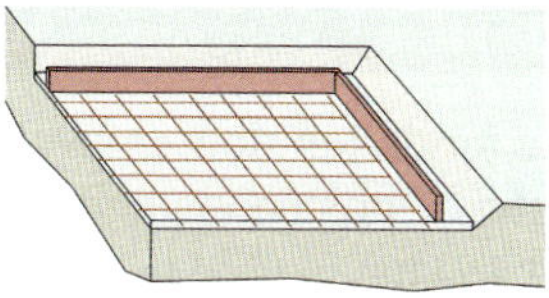

- **Mettre** en œuvre le béton, procéder par zone sur toute son épaisseur.

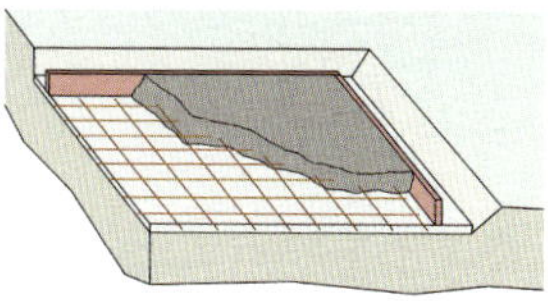

- **Vibrer** uniformément avec une aiguille adaptée.
- **Adapter le surfaçage** en fonction de la commande.
- **Couvrir** le béton ou traiter avec un produit de cure afin de ralentir l'évaporation rapide de l'eau contenue par celui-ci.

Matériel

- Poste de bétonnage équipé, engins de terrassement
- Pelle, balai de cantonnier, seau, balayette, outillage du maçon
- Brouette

Consommables

- Eau, liant
- Plâtre
- Armatures

EPI

- Vêtement de travail
- Casque de protection
- Lunettes anti-projections
- Gants
- Chaussures de sécurité
- Casque anti-bruit

FICHE N° 30 : comment se comporte une semelle sous l'effet de la charge ?

La fondation doit empêcher l'ouvrage supporté d'avoir un effet de poinçonnement sur le sol.
Plus la hauteur de la semelle de fondation sera faible et plus l'effort de cisaillement sera élevé au droit du mur.

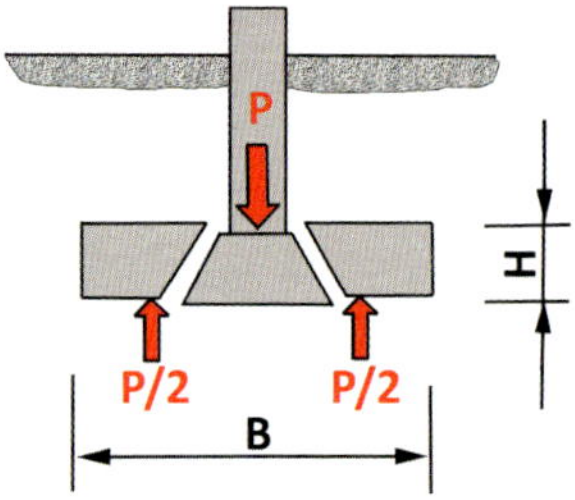

La fondation doit résister à la flexion du sol et des charges de la construction.
Les consoles de la semelle peuvent se déformer : cela crée une zone tendue dans la partie inférieure de la semelle et une zone comprimée en partie supérieure.

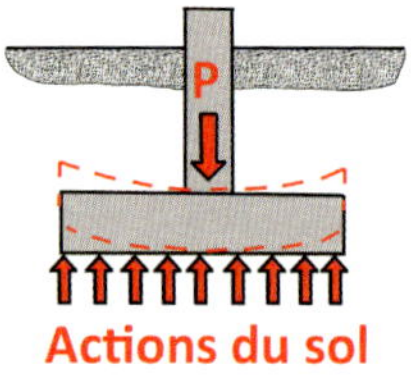

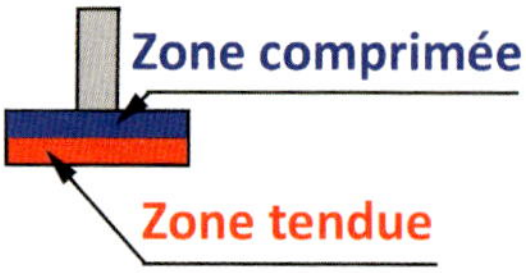

Exemple de calcul d'une semelle

Il faut connaître :

- la résistance du sol d'assise (étude de sol) ;
- un dimensionnement précis de la semelle (longueur, largeur et hauteur).

On sait que :

- la résistance du sol après mesure : r = 2 daN/cm^2 = 2 kgf/cm^2 ;
- après un calcul de descente de charges, on obtient une charge totale par mètre de longueur de mur : Ch = 8 000 daN ;
- par convention, la longueur de fondation considérée est : L = 100 cm.

Calcul de la largeur (ℓ) de la semelle :

$$\ell = \frac{\text{charge totale par mètre de longueur}}{\text{longueur de fondation} \times \text{résistance du sol}}$$

ℓ = 8 000 daN / 100 cm x 2 daN/cm^2 = 8 000 / 200 = 40 cm

Calcul de la hauteur de la semelle :
Par convention on considère que la hauteur H doit être supérieure au quart de la largeur de la base.
Soit $H \geq \ell/4$.

FICHE N° 31 : comment déterminer la fondation appropriée ?

Étude du sol

L'étude du rapport de sol réalisé par le géotechnicien permet une connaissance du sous-sol. Cette étude s'appuie sur l'analyse en laboratoire de prélèvements d'échantillons.
Des contrôles sont également réalisés directement sur le terrain ; on dit alors qu'ils sont « in situ ».
Ils permettent d'évaluer la résistance mécanique du sol, c'est-à-dire la charge que peut supporter un sol sans se tasser. Généralement la résistance augmente avec la profondeur.
L'unité de mesure est le « bar ».

Exemple : si le sol se déforme à partir de 2 bars, cela veut dire que la charge maximum qu'il peut encaisser correspond à 2 kg/cm^2.

La cote d'ancrage de la fondation sera définie par cette mesure et calculée par le bureau d'étude.

Carottage

Carottes pour analyses

Remarque : *la présence d'eau dans le sol contribue à sa cohésion. Si on décide de la supprimer du terrain, par exemple par pompage, les fines seront entraînées et éliminées lors de l'opération. Cela aura pour effet de modifier la cohésion du terrain et donc aura pour conséquence l'apparition de fissures sur les constructions (c'est la description du phénomène de tassement des terres dû aux périodes de sécheresse).*

L'environnement

L'emplacement de la construction est aussi impacté par son environnement. Celui-ci impose ses contraintes :

- mitoyenneté d'un bâtiment existant : décaissement important, blindage des parois du terrassement, etc. ;
- construction sur un terrain en pente ;
- construction près d'un cours d'eau, d'une ligne de chemin de fer ;
- type d'ouvrage : immeuble de grande hauteur, immeuble enterré, maison individuelle, local professionnel… ;
- destination de l'ouvrage : habitation, parking, industrie…

FICHE N° 32 : comment mettre hors gel les fondations ?

Lors du terrassement des fondations, il est important de vérifier la mise hors gel de ce type d'ouvrage.

Plus spécialement le DTU 13.11 « Travaux de fondations superficielles » préconise une profondeur minimale de 0,50 m en zone tempérée et jusqu'à 1,00 m en zone montagneuse.

Une documentation technique existe : AFNOR FD P 18-326 de novembre 2004. Elle précise la profondeur minimale d'ancrage des fondations selon les départements et le climat de chaque région.

Les textes normatifs relatifs au béton prennent en compte la durabilité en s'appuyant sur la notion de classe d'exposition. Ils imposent au prescripteur de définir les actions que le béton de l'ouvrage va subir. Il est de sa responsabilité de déterminer et de choisir les classes d'expositions permettant d'optimiser les performances de celui-ci. La norme NF EN 206-1 décrit pour chaque classe d'exposition le type de béton qui est concerné.

Ci-dessous et à titre indicatif la carte donne une indication de profondeur minimum, mais il est conseillé d'effectuer une étude approfondie avant de réaliser les travaux.

Profondeur minimale d'ancrage des fondations en fonction des zones de gel en France

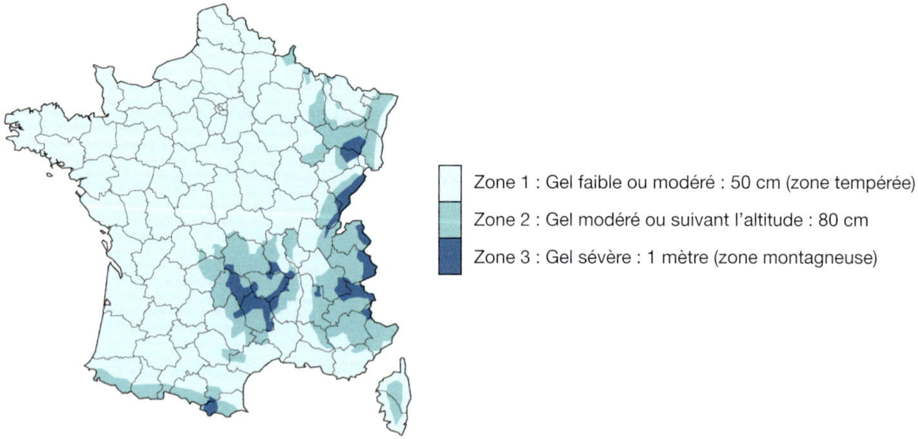

Source : SOS-Expert.com – Fiches construction, normes et règlementation

MODE OPÉRATOIRE

Réaliser une fondation profonde : le puits

- **Réaliser** au plâtre le traçage au sol des puits suivant les plans d'implantation.
- **Préparer** la protection du futur puits.
- **Assembler** des bois de coffrages type bastaing afin de délimiter et matérialiser l'emprise du puits.
- **Installer** des garde-corps en périphérie du puits.
- **Réaliser** le terrassement, **enlever** la terre meuble avec une benne preneuse et **descendre** jusqu'au bon sol.
- **Évacuer** les terres au fur et à mesure.

> ⚠ Bien souvent, l'aspect différent de la texture et de la couleur du déblai indique que le bon sol est atteint.

© ALM

Benne preneuse

- **Contrôler** la profondeur du terrassement par rapport à la cote indiquée sur les plans.

> ⚠ **Attention :** le risque d'éboulement est permanent ; il est strictement interdit de descendre dans le puits.
>
> Instaurer un périmètre de sécurité tout autour du puits afin d'interdire toute circulation d'engin.

- **Bétonner** le puits tout de suite après avoir réalisé le terrassement avec un tube plongeur.
- **Contrôler** la hauteur d'arase.

MODE OPÉRATOIRE

Réaliser une fondation profonde : les pieux

- **Tracer** l'axe de chaque pieu suivant les plans d'implantation.
- **Matérialiser** les axes de chaque pieu par des piquets.
- **Réaliser** le forage du pieu avec une tarière.
- **Évacuer** l'excédant des terres au fur et à mesure de l'avancement des travaux de forage.

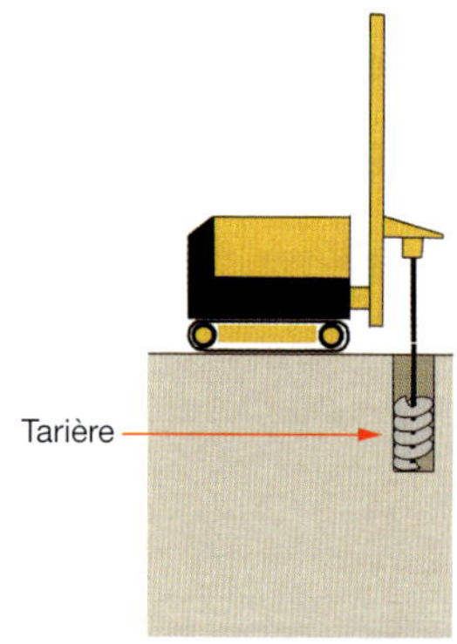

- **Armer** le pieu sur toute sa hauteur.

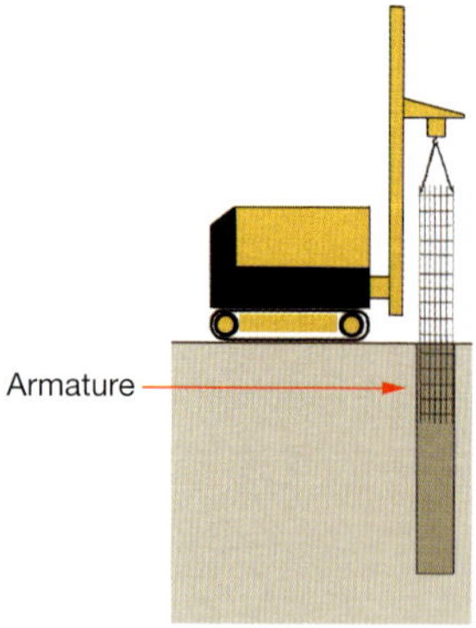

- **Bétonner.** La mise en œuvre du béton se fera avec un tube plongeur. Celui-ci devra être toujours immergé dans le béton. En procédant de cette façon, le bétonnage fait remonter l'eau et les résidus de terre à la surface.

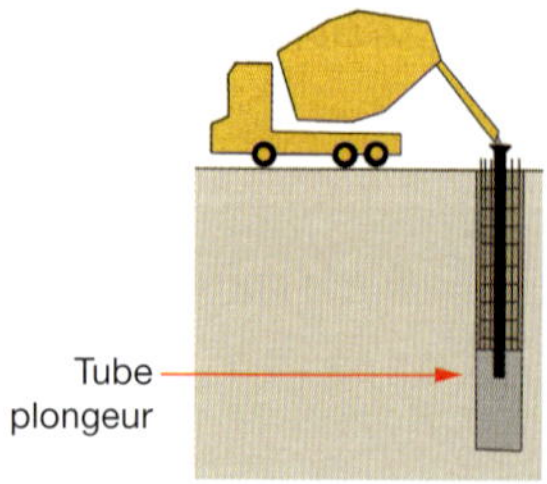

- **Terrasser** la tête de pieu quand le béton a durci.
- **Réaliser** le recepage, c'est-à-dire éliminer le mauvais béton en tête de pieu.
- **Nettoyer et évacuer** les déchets.
- **Réaliser** un béton de propreté et régler de niveau. Il permettra de tracer la tête de pieu confortablement.
- **Tracer** l'axe des fils et l'encombrement des longrines.
- **Axer** le panier d'armatures sur la tête du pieu, **poser** les cales d'enrobage et **ligaturer** avec les aciers en attente.
- **Réaliser** le coffrage et tracer l'arase du béton.
- **Contrôler** avant bétonnage.
- **Bétonner, vibrer, araser et talocher** la tête de pieu.
- **Positionner** les aciers en attente.
- **Protéger** les aciers en attente.

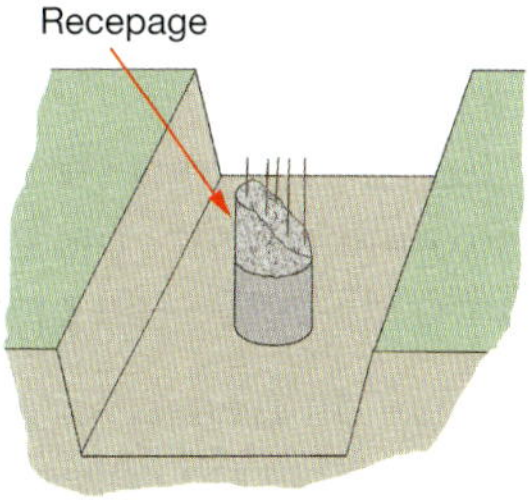

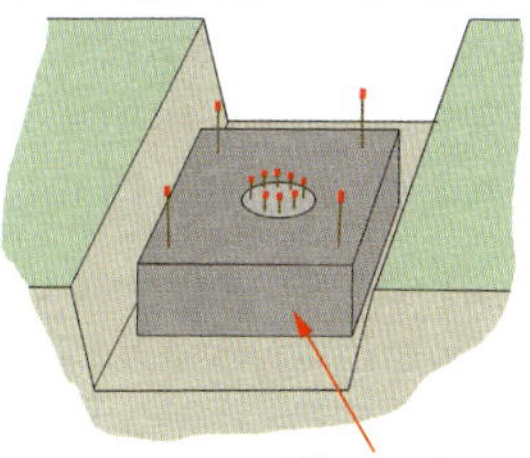

Matériel

- Poste de bétonnage équipé
- Engins de terrassement, foreuse
- Pelle, balai de cantonnier, seau, balayette, outillage du maçon
- Brouette

Consommables

- Eau, liant
- Plâtre
- Armatures

EPI

- Vêtement de travail
- Casque de protection
- Lunettes anti-projections
- Gants
- Chaussures de sécurité
- Casque anti-bruit

Activité 26 Réaliser les parois de soutènement

Les parois de soutènement sont mises en œuvre pour maintenir les terres en place quand la réalisation de talus n'est pas envisageable.
L'idée de base consiste à faire, depuis la surface et avant tout creusement, une partie du soutènement : pieu, poteau moulé ou préfabriqué, qui assurera l'équilibre des efforts de butée (en pied) et de poussée (tirants ou butons multiples).

Ensuite, on creuse par tranches horizontales (un à quelques mètres selon la tenue des terres) et on complète le soutènement : pose des butons ou des tirants sur les appuis verticaux déjà en place, blindage des talus dégagés entre les appuis verticaux.

Les tranches horizontales peuvent être multiples (des exemples existent de six lignes de tirants successives). Le blindage, entre appuis, peut être fait de différentes façons : dalles minces de béton coulées en place ou préfabriquées, planches ou madriers en bois, planches métalliques, béton projeté.

Le soutènement type est la « paroi berlinoise », ainsi dénommée car elle a été largement employée à Berlin. Dans ce cas, l'appui est un profilé métallique généralement mis en place dans un forage. L'espacement des profilés est de quelques mètres. Il s'agit, le plus souvent, d'un soutènement à caractère provisoire.
Dans la paroi parisienne, les profilés métalliques sont remplacés par des pieux en béton.

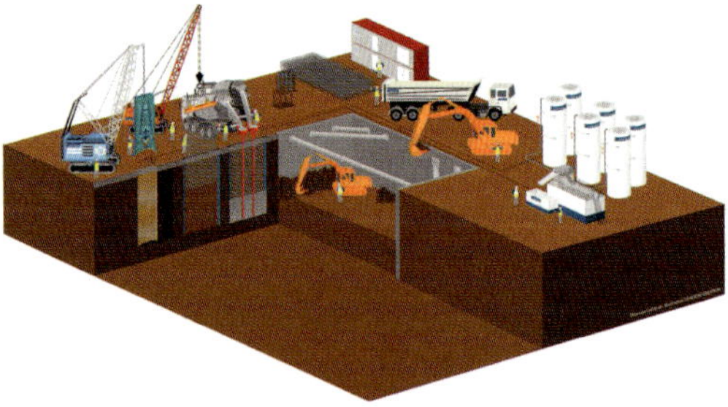

© Groupe Dacquin – Illustration Landeau Création

D'autres procédés consistent à réaliser une paroi moulée : écran étanche et structurel en béton armé moulé dans le sol.

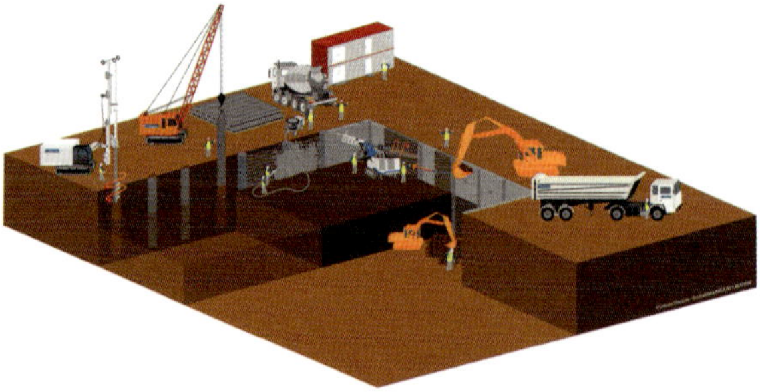

© Groupe Dacquin – Illustration Landeau Création

Réaliser une paroi berlinoise

- **Forer** sur la profondeur de la construction un trou à la tarière.

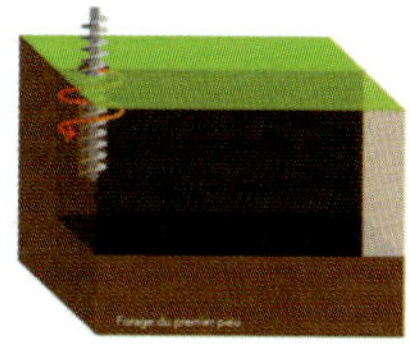

- **Insérer** dans le trou de forage un profilé métallique. Les profilés peuvent être espacés de 1,80 à 3 mètres de distance, suivant la configuration des terres et de la future construction.

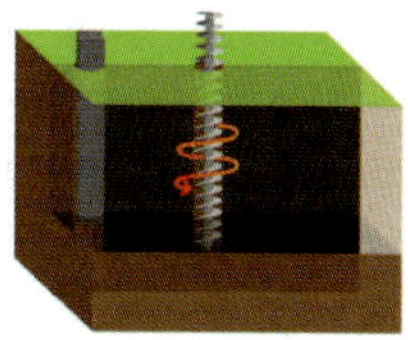

- **Terrasser** en pleine masse sur environ 2 m de hauteur et sur la totalité de longueur de la paroi. Si le terrain est friable, **réaliser** un soutènement en planche côté mitoyen de la paroi.

- **Mettre** en place les armatures et les relier aux profilés.

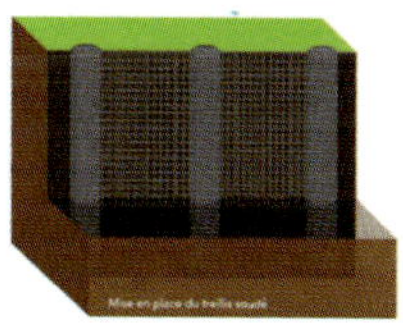

- **Projeter** le béton frais ; c'est lui qui créera le mur de soutènement. Suivant la demande, la finition sera talochée ou brute.
- **Recommencer** les opérations de terrassement, ferraillage et projection jusqu'à atteindre la profondeur souhaitée.

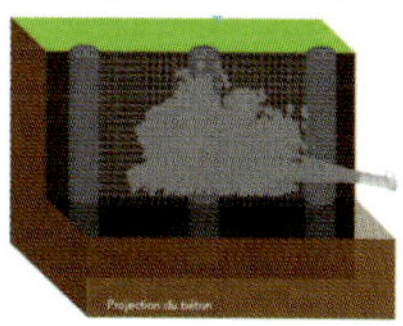

- **Installer** des tirants d'ancrages et la pose d'un butonnage afin de limiter les effets des poussées des terres.

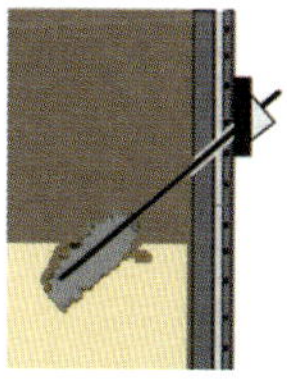

Réaliser une paroi moulée

- **Construire** les murettes guides pour laisser le passage des bennes d'extraction des terres et garantir une implantation optimale des parois.

- **Forer** tout en injectant une boue de forage thixotropique ou bentonitique.

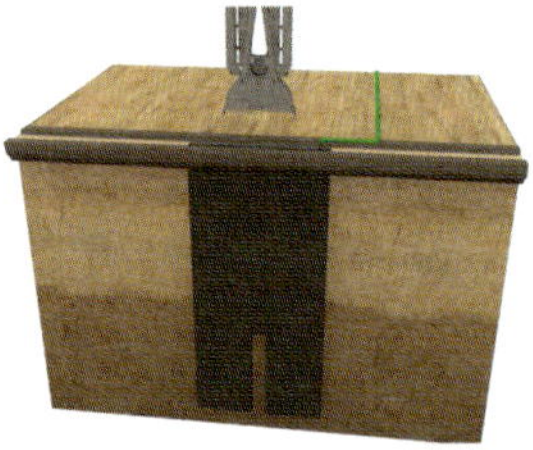

⚠ Le rôle de cette boue est d'exercer une pression constante sur les parois du forage afin que celles-ci ne s'affaissent pas.

- **Poser** des tubes joints aux extrémités du forage pour assurer l'étanchéité des reprises.

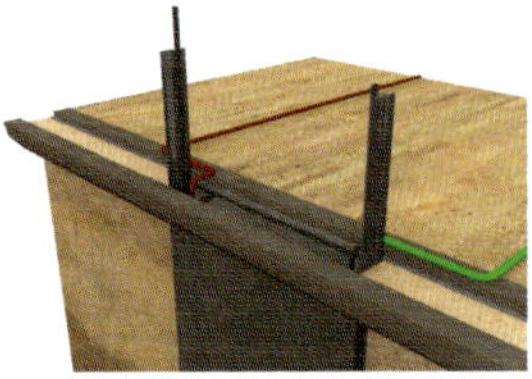

- **Insérer** l'armature dans le forage, positionner les cales à béton au fur et à mesure de la descente du ferraillage.

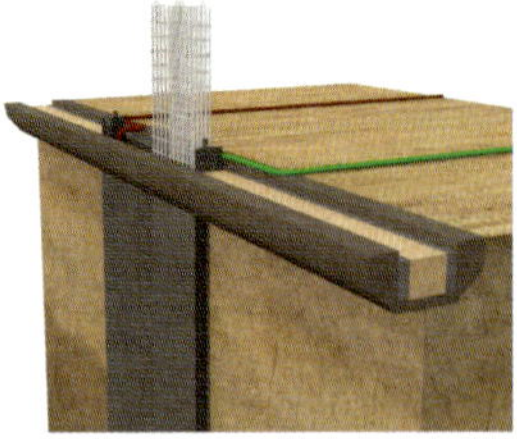

- **Bétonner** par l'intermédiaire d'un tube plongeur qui descendra jusqu'au fond du forage.

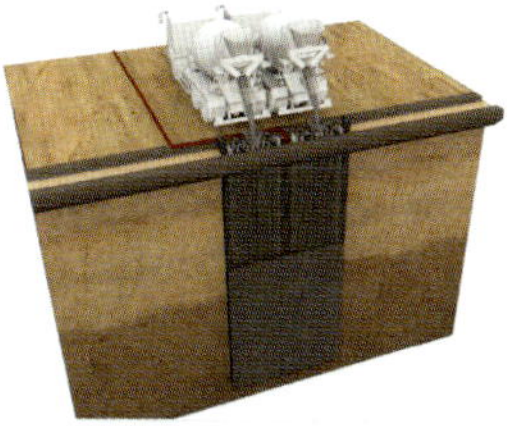

Le tube sera remonté au fur et à mesure du remplissage mais il devra rester toujours noyé dans le béton.

Lors de cette opération, la boue est refoulée vers le haut et est aspirée par une pompe en vue de sa réutilisation.

Pour des raisons de mise en œuvre (prise des bétons) la réalisation de paroi moulée s'exécute par panneaux alternés. La longueur des panneaux est d'environ 5 à 7 mètres.

- **Forer** les panneaux intermédiaires lorsque le béton est sec.

- **Retirer** les supports d'armatures.

- **Retirer** les porte-joints.

- **Stabiliser** la paroi par tirants et/ou butonnage.

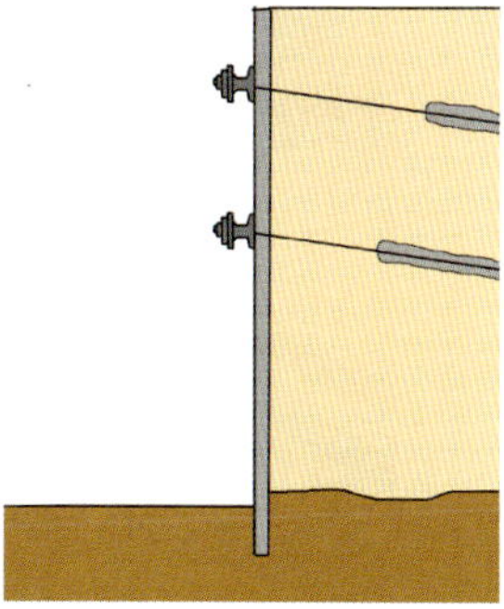

- **Réaliser** le recépage de la partie haute de la paroi afin d'éliminer le mauvais béton.

Activité 27 Réaliser les fouilles pour réseau et canalisations

La réalisation de fouilles pour établir le réseau d'assainissement est soumise à des règles précises qu'il est indispensable de respecter pour assurer un bon fonctionnement et se conformer aux textes réglementaires (DTU 60-11).

Le rôle de l'assainissement est de recueillir et d'évacuer le plus rapidement possible les eaux polluées d'une construction selon les situations locales :

- Assainissement collectif : c'est la collecte, le transport et le traitement des eaux par le service public d'assainissement en station d'épuration.
  Toute construction ayant accès au réseau public d'assainissement, doit obligatoirement s'y raccorder.
- Assainissement non collectif : réalisé grâce à un système de traitement des eaux usées domestiques mis en place par le propriétaire de l'habitation pour laquelle un réseau d'assainissement collectif est inexistant. C'est l'installation d'un assainissement autonome (fosse septique) sur la parcelle de la construction.

Les eaux rejetées par une construction sont de différentes natures :

- les eaux pluviales (EP), évacuées par la toiture, les dallages extérieurs, les drainages périphériques ;
- les eaux vannes (EV), évacuées par les toilettes ;
- les eaux usées (EU), appelées aussi « eaux grises », évacuées par la cuisine, les lavabos, la machine à laver.

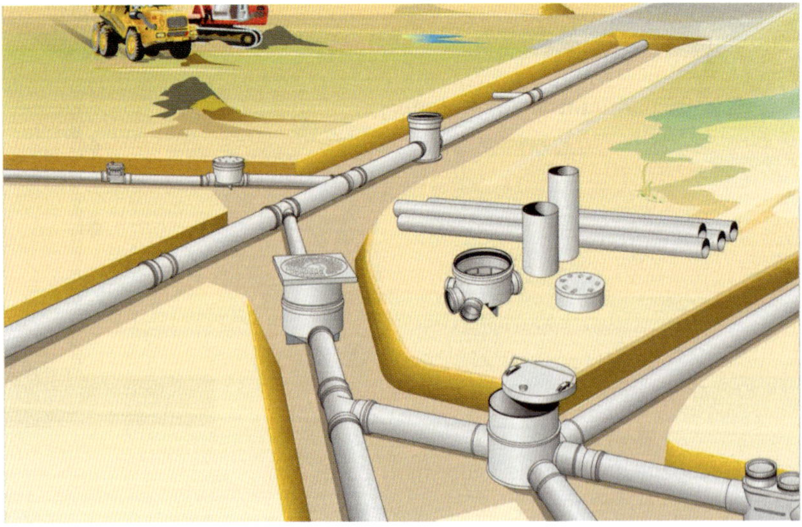

MODE OPÉRATOIRE

Réaliser un réseau enterré

- **Étudier** le plan d'implantation du réseau pour obtenir les cotes, la hauteur fil d'eau, la section des canalisations et la nature des différents éléments.
- **Tracer,** sur des piquets positionnés au départ et à l'arrivée de chaque tronçon, les niveaux de référence.
- **Reporter** les hauteurs fil d'eau.
- **Effectuer** le terrassement.
- **Nettoyer et aplanir** le fond de fouille.
- **Poser** en fond de fouille des piquets repères correspondant aux pentes.
- **Combler** le manque par du sable sur environ 10 cm, que l'on étalera en fond de fouille.

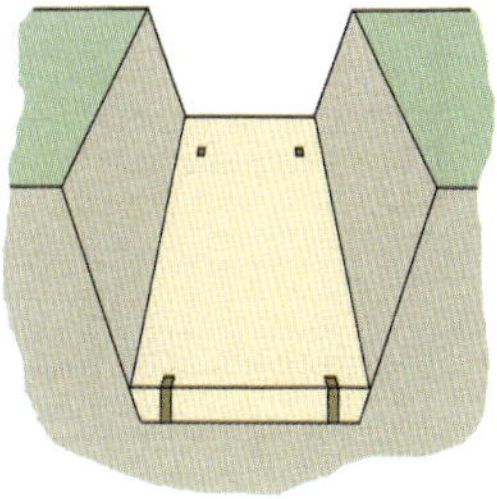

> Le lit de sable permet de supprimer d'éventuels points durs qui risqueraient de provoquer déformation et casse des canalisations lors du remblaiement.

- **Positionner et régler** les regards en respectant la hauteur fil d'eau.

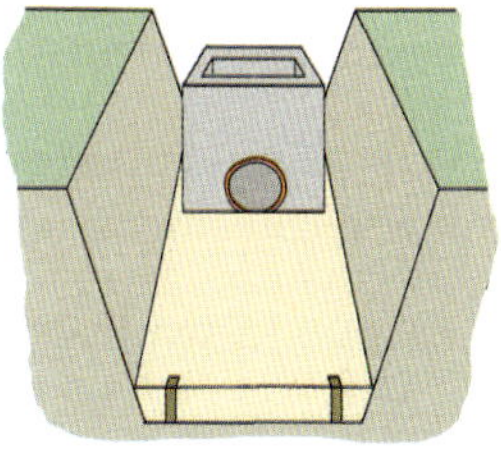

- **Dresser** le fond de forme à la règle.

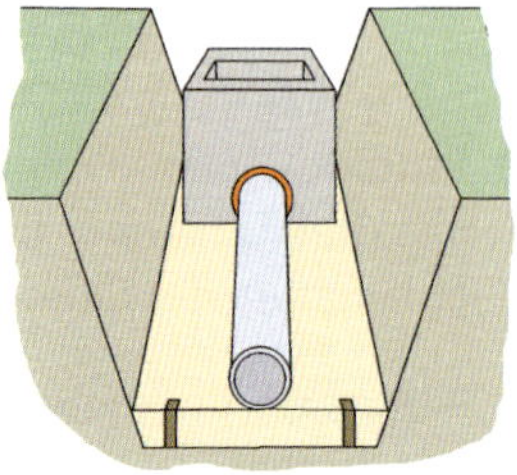

- **Positionner** les tuyaux sur le lit de sable tout en les insérant dans les regards. Le tube doit se positionner à l'aplomb de la paroi intérieure.

> ⚠ La régularité de la pente doit être parfaite sous peine de réduire la vitesse d'écoulement et provoquer un dépôt des matières en suspension. Cela risquerait de provoquer un bouchon par la suite.
>
> L'écoulement dans un emboîtement ne doit rencontrer aucun obstacle. Si celui-ci est dans le mauvais sens, les matières en suspension sont bloquées par l'arête vive et forment un bouchon.

- **Veiller** à l'étanchéité parfaite des emboîtements.

> ⚠ La fuite avec le temps peut créer un affouillement, qui, au final, provoquera la déformation, voire la rupture de la canalisation.

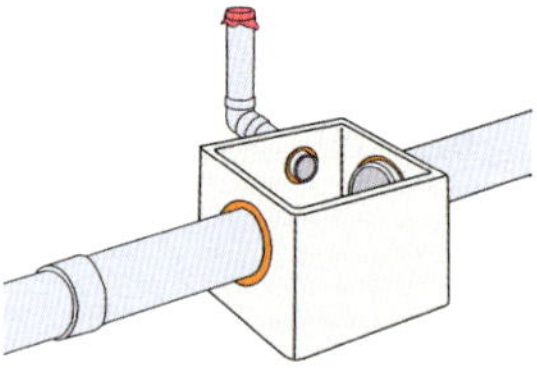

- **Boucher** les attentes afin d'éviter tout risque de remplissage de cailloux de remblaiement.
- **Réaliser** les joints de raccordement (tuyaux – regard). Ne laisser aucune bavure et réaliser un lissage à l'éponge des joints intérieurs.
- **Réaliser** une cunette dans le fond du regard afin de faciliter l'écoulement des eaux.
- **Réaliser** l'assemblage des tuyaux entre eux.

- **Remblayer** soigneusement avec du sable, ce qui évite tout risque de poinçonnement.

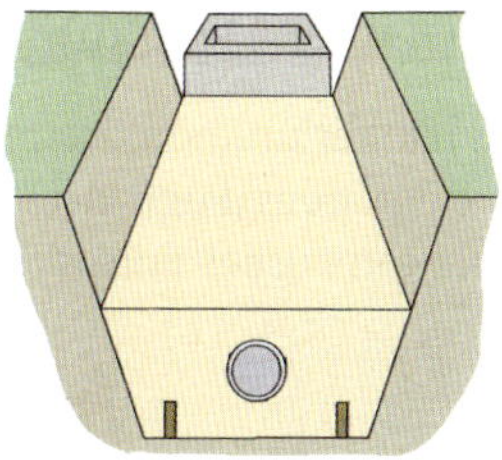

> L'épaisseur du remblaiement sur la canalisation doit être au minimum de 20 cm.

- **Poser** le grillage avertisseur ; celui-ci avertira de la présence d'un réseau enterré lors de futurs travaux de terrassement.

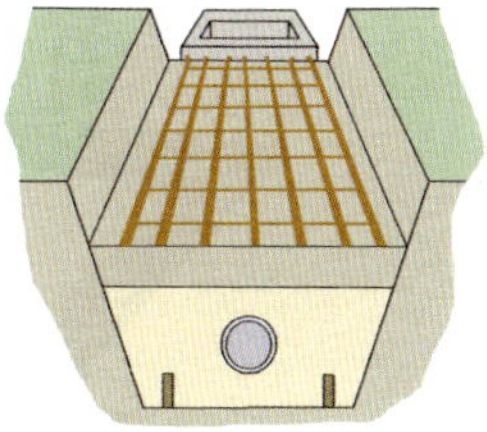

- **Remettre** une couche de sable et compacter avec précaution et sans excès.

> Lors de la traversée d'un élément béton, réaliser un joint de dilatation autour du tuyau.

→ **Voir** *fiche technologie associée n° 33 : comment réaliser un assainissement autonome ?*

Code couleur des grillages avertisseurs

Électricité BT, HTA ou HTB et éclairage		Rouge
Gaz combustible (transport/distribution), hydrocarbures		Jaune
Produits chimiques		Orange
Eau potable		Bleu
Assainissement et Pluvial		Marron
Chauffage et Climatisation		Violet
Télécommunications		Vert
Feux tricolores et Signalisation routière		Blanc
Zone d'emprise multi-réseau		Rose

FICHE N° 33 : comment réaliser un assainissement autonome ?

Les habitations non desservies par un réseau public de collecte des eaux usées (égouts) doivent être équipées d'une installation autonome dite « d'assainissement non collectif » pour traiter leurs eaux usées domestiques.

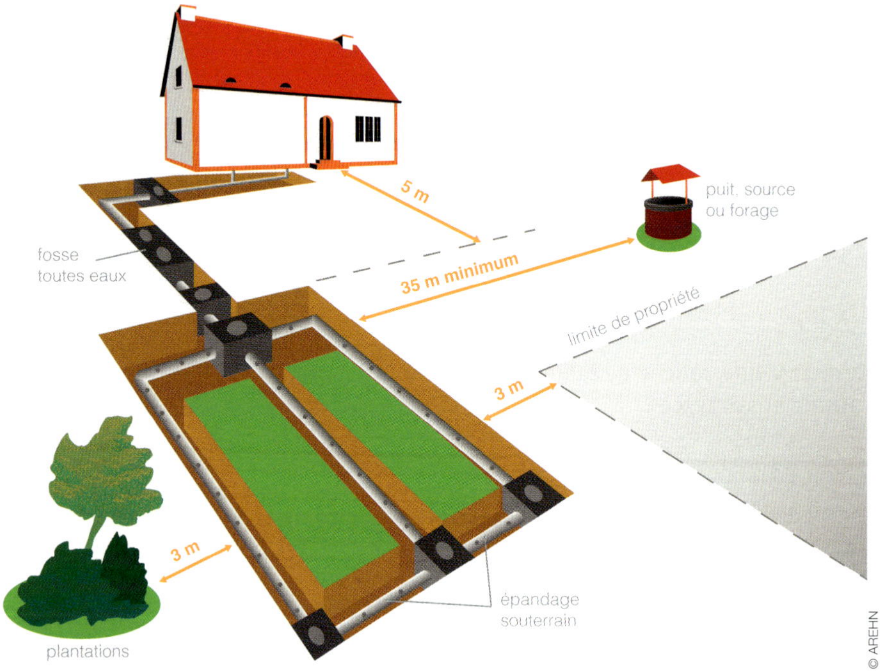

Distances à respecter lors de l'implantation d'un ANC

Installation

Une installation d'assainissement non collectif désigne toute installation d'assainissement assurant la collecte, le transport, le traitement et l'évacuation des eaux usées domestiques ou assimilées.

La collecte et le transport des eaux usées domestiques en sortie d'habitation sont réalisés par un dispositif de collecte (boîte, etc.) suivi de canalisations.

Le traitement des eaux usées est réalisé soit :

- dans le sol en place, ou un sol reconstitué avec traitement amont par fosse septique toutes eaux ;
- par un dispositif de traitement agréé par les ministères.

L'évacuation des eaux usées domestiques traitées est réalisée en priorité par infiltration dans le sol et à défaut par rejet vers le milieu hydraulique superficiel (cours d'eau, fosse…).

Activité 28 Réaliser les drainages et les remblais

La fonction du drainage est de capter les eaux d'infiltration pour les évacuer avant qu'elles n'atteignent les fondations.

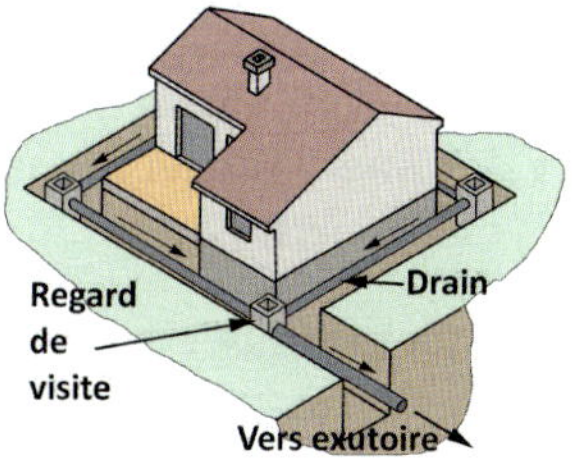

Dans le résidentiel, on utilise des drains, en béton poreux ou en PVC rigide perforé.
Le diamètre du tuyau se détermine en fonction de la quantité d'eau à évacuer. En maison individuelle, il est au minimum de 100 mm.

Le drainage doit respecter une pente d'écoulement de 3 à 10 mm par mètre, du point le plus haut au point le plus bas du parcours.

Les eaux collectées sont ensuite dirigées vers un exutoire : collecteur d'égout, puisard ou épandage souterrain.

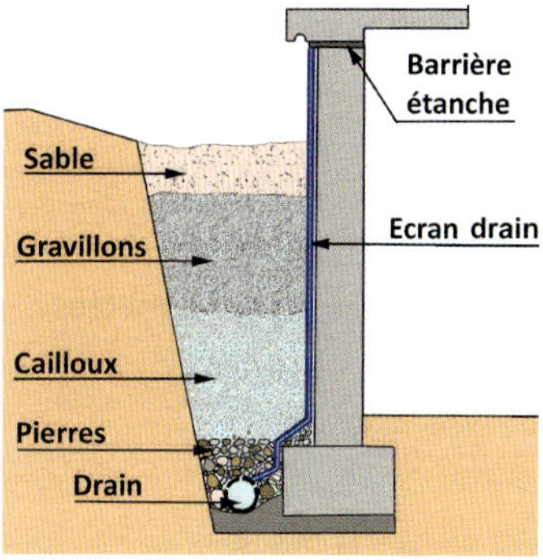

La réglementation de mise en œuvre et l'utilisation des matériaux sont préconisées par le DTU 20.1.

> ***Remarque :*** *le DTU 20.1 exige un drainage dès qu'il y a étanchéité : il faut placer sur les parties enterrées du mur une nappe de protection et drainage, avec un géotextile intégré, destinée à guider les eaux infiltrées vers le drain en pied de paroi.*

Généralement la maçonnerie est protégée par un écran d'étanchéité composé :
- d'un enduit hydrofuge au mortier richement dosé, en finition talochée ;
- de deux couches de produit bitumineux ;
- d'une natte de protection alvéolaire qui a pour fonction de ménager une lame d'air sur toute la hauteur du mur et de permettre un drainage optimum des eaux de ruissellement jusqu'au drain.

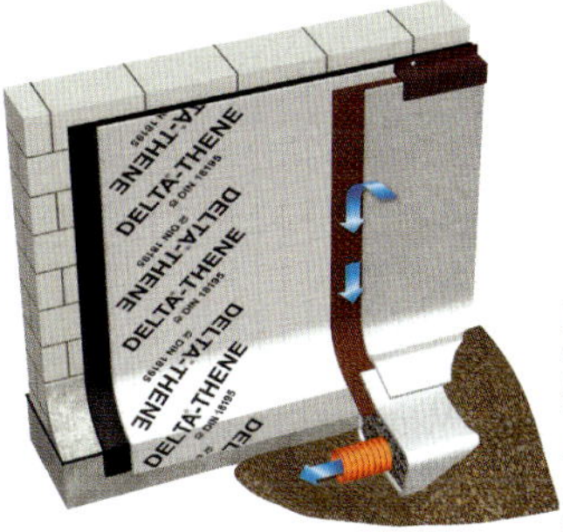

MODE OPÉRATOIRE

Réaliser un drainage enterré

- **Dresser et nettoyer** le fond de forme.
- **Éliminer** les bavures qui peuvent être présentes sur la maçonnerie.
- **Boucher** tous les trous, effectuer les enduits et ragréages s'il y a lieu.
- **Mettre** plan le fond de forme.
- **Appliquer** les traitements de surface (peinture étanche, produit bitumineux, écran vertical…) sur toutes les parties enterrées (consulter les DTU 14.1 et 20.1 ainsi que les avis techniques.

- **Positionner** les regards de récupération des eaux de ruissellement et les cunettes de fond.

- **Entourer** le drain de tissu géotextile.
- **Poser** le drain et insérer les extrémités dans les regards collecteurs.

- **Réaliser** les scellements.
- **Déployer** un film non tissé de façon à former une enveloppe autour du concassé.

- **Verser** des cailloux sur le drain et sur un film non tissé au préalablement déployé. Le film géotextile filtre l'eau et évite le colmatage des cailloux. **Rabattre** ensuite le film sur les cailloux.

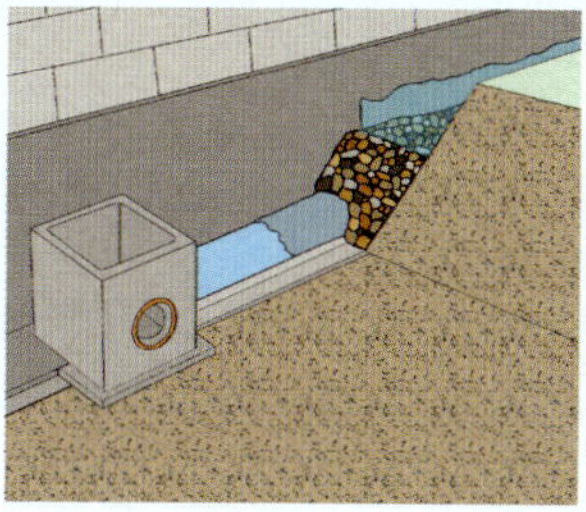

> ⚠ Le versement des cailloux et autres matériaux doit se faire avec beaucoup de précautions afin de ne pas endommager les films textiles et le revêtement imperméable du mur.

- **Continuer** le remblaiement jusqu'au niveau demandé. Le remblai sera constitué de matériaux nobles, cailloux, gravillons, sablon…
- **Réaliser** le remblai par couches successives de part et d'autre de la construction, afin d'éviter des désordres dus à la poussée des terres.

Matériel

- Pelle, balai de cantonnier, seau, balayette, brouette
- Truelle, marteau

Consommables

- Enduit
- Granulats, sable
- Gravillons, cailloux
- Drains
- Revêtement étanche
- Film géotextile
- Film non tissé
- Regards, couvercles

EPI/EPC

- Vêtement de travail
- Casque de protection
- Lunettes anti-projections
- Gants
- Chaussures de sécurité
- Casque anti-bruit
- Blindage des parois

Les fouilles pour fondations et réseaux d'assainissement

Les travaux d'excavation pour fondations et réseaux d'assainissement sont à l'origine d'un pourcentage élevé des accidents graves ou mortels et sont l'une des premières causes d'ensevelissement et d'écrasement des suites d'effondrements, d'écroulements ou de glissements de terrain.

Le chantier de terrassement entraîne d'importants mouvements de terres, matérialisés par des opérations d'excavation, de terrassement, de compactage, dont les risques les plus importants sont :

- les risques dérivés de l'utilisation de machines ;
- les chutes de plain-pied et avec dénivellation ;
- les ensevelissements lorsque des travaux ont lieu dans les zones de couronnement des remblais, en cas de transit à proximité, et surtout lors de l'exécution des fondations, des drainages et de l'imperméabilisation au pied des parois.

Il est indispensable de garantir :

- la stabilité des talus par un système de contention ;
- la protection des zones de couronnement ;
- l'aménagement d'accès ;
- la protection de travaux à différents niveaux, ou la mise en place de mesures de prévention.

© Protection Constructive Active

Blindage de paroi de tranchée

© Signaclic

Barrières de protection de tranchée

CHAPITRE 7

Les éléments intérieurs de maçonnerie

© Fotolia.com

Escalier intérieur

Activité 29 Les escaliers en béton armé

Définition

Un escalier est un ouvrage en béton armé, bois, fer ou pierre composé de plusieurs marches et conçu pour accéder à un autre niveau d'un édifice en toute sécurité et avec le minimum de fatigue.

Type d'escalier

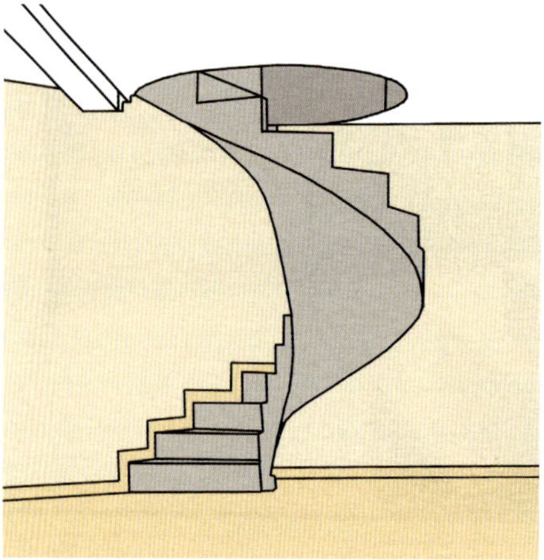

Escalier balancé (courbe) ou hélicoïdal

Escalier droit avec palier intermédiaire

Réalisation

Les escaliers en béton armé sont généralement réalisés directement sur chantier, en méthode traditionnelle, ou préfabriqués d'un seul bloc et mis en place à l'aide d'engins de levage ou encore préfabriqués par marches indépendantes et assemblés sur place.

Pentes usuelles

Règles générales :

- de 3° à 25°pour les rampes ;
- de 25° à 45° pour les escaliers courants ;
- de 45° à 75° pour les escaliers de machines ou mécaniques ;
- de 75° à 90° pour les échelles.

Confort et sécurité

De nos jours nous accordons une part importante à l'esthétisme. Mais, au quotidien, l'utilisation d'un escalier doit être confortable et aisée.
En termes de sécurité, il doit être solide et permettre à l'utilisateur un déplacement d'étage en étage en toute sécurité.

Terminologie

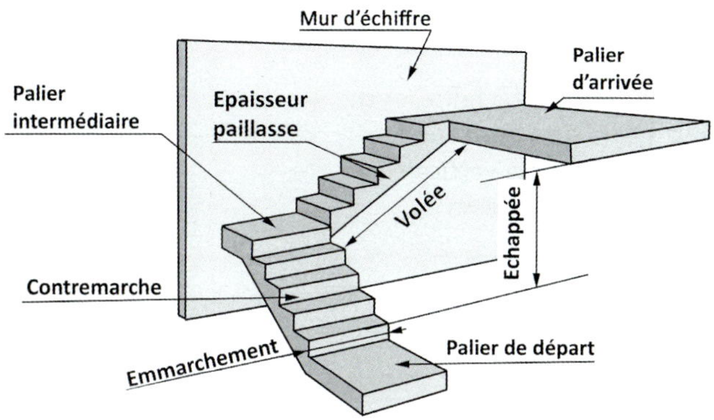

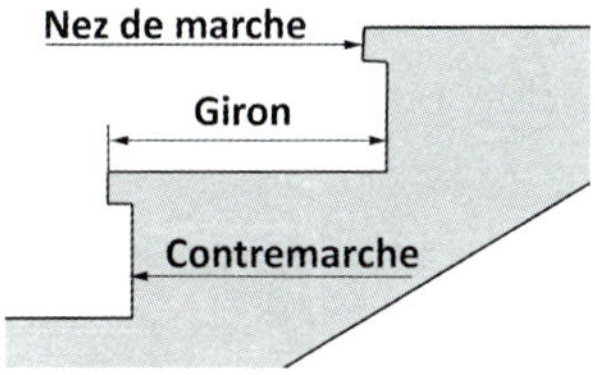

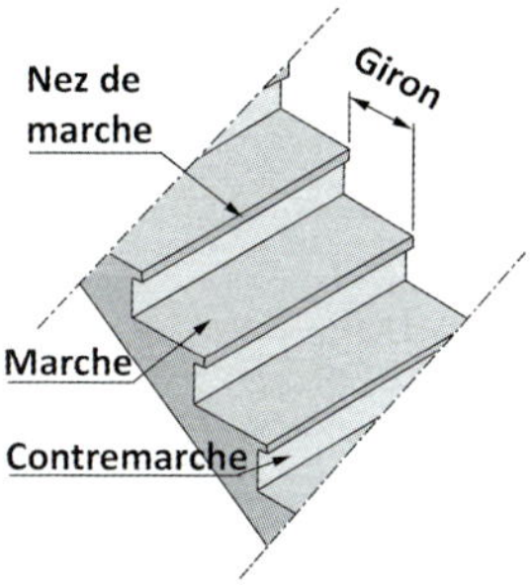

➠ **Voir** *fiche technologique associée n° 34 : comment calculer un escalier droit ?*

➠ **Voir** *fiche technologique associée n° 35 : comment tracer un escalier à quartier tournant ?*

Réaliser un escalier en béton

- **Tracer** l'escalier sur le mur d'échiffre, c'est :
  - **répartir** les largeurs sur l'horizontale ;
  - **répartir** les hauteurs sur la verticale ;
  - **tracer** le dessous de la paillasse.

- **Coffrer** la paillasse et les paliers éventuels, c'est fixer et régler les raidisseurs et le fond de coffrage.
  Les raidisseurs longitudinaux doivent être inclinés suivant la pente de la paillasse ou horizontaux pour les paliers.
  Les raidisseurs transversaux sont disposés horizontalement et espacés de ≈ 50 cm d'axe en axe suivant le type d'ouvrage à réaliser.
  Le fond de coffrage de contreplaqué ou planches est posé sur les raidisseurs.

- **Coffrer** les rives ou joues.
  Exemples :
  - Coffrer en planche ou en contreplaqué une paroi verticale avec raidisseurs.
  - Coffrer les joues de la paillasse et les rives des paliers. Technique identique au coffrage d'un linteau, butée en pied de joue et buton latéral.

- **Appliquer** l'huile de démoulage.

- **Mettre en place** l'armature. L'armature est constituée d'aciers porteurs (aciers longitudinaux) et de répartitions (aciers transversaux).

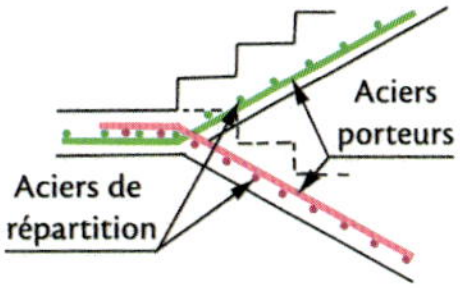

Exemple aciers jonction palier / paillasses

Attention :

– La disposition des aciers varie suivant la disposition des paliers.

– La jonction entre un palier et la paillasse doit faire l'objet d'attentions particulières.

– La jonction entre la fondation et la paillasse ou la fondation et le palier de départ doit répondre aux attentes des utilisateurs et assurer une excellente liaison mécanique.

DANS TOUS LES CAS CONSULTER LES PLANS DE FERRAILLAGES ET LES PRESCRIPTIONS

- **Coffrer et régler** les contremarches. Celles-ci sont fixées sur des taquets verticaux qui sont eux-mêmes fixés sur la joue de rive d'une part et sur le mur d'échiffre d'autre part.
  Un liteau filant et des butées horizontales assurent un maintien des contremarches lors du coulage.

- **Bétonner et vibrer.** Le bétonnage sera réalisé avec un béton de type C25/30 CEM II avec un dosage de l'ordre de 350 kg/m^3 de béton.
  Lors du bétonnage veiller au respect des enrobages et à la position des différents aciers.
  Il est préférable de commencer à couler un escalier par le bas de la volée et par fractions de 4 à 5 marches. L'excédent de béton sera dégagé à la truelle marche par marche.
  La vibration peut être réalisée avec une aiguille vibrante ou par l'extérieur manuellement.

Lors de la phase bétonnage et vibration, il est important de vérifier la bonne tenue du coffrage et de l'étaiement.

Un contrôle visuel des différents éléments constitutifs du coffrage doit être fait régulièrement.

Matériel

- Appareil de vibration
- Pelle, balai de cantonnier, seau, balayette, truelle, niveau à bulle, pince à ligaturer, mètre, marteau de coffreur
- Brouette

Consommable

- Eau
- Liant
- Granulats

EPI

- Vêtement de travail
- Casque de protection
- Lunettes anti-projections
- Gants
- Chaussures de sécurité
- Casque anti-bruit

FICHE N° 34 : comment calculer un escalier droit ?

Règle pratique

La longueur d'un pas humain est de l'ordre de 0,60 m, mais une variation de cette mesure est admise.

La règle pratique de calcul qui en découle considère que la longueur d'un pas moyen est comprise dans l'intervalle suivant :

$0{,}60 \text{ m} < 2\text{ h} + \text{g} < 0{,}65 \text{ m}$

h = hauteur d'une contremarche.

g = largeur du giron.

Cette formule nous permet d'établir un calcul simple afin de réaliser et rendre un escalier fonctionnel et confortable.

Exemple de calcul d'un escalier droit

Hauteur à franchir = 2,52 m.

Longueur de la trémie = 2,14 m.

Giron = g = 0,25 m.

Hauteur de marche = h = 0,18 m.

$2\text{ h} + \text{g} = 2 \times 18 + 25 = 36 + 25 = 0{,}61 \text{ m}$.

0,61 m correspond à la longueur admise pour un pas humain.

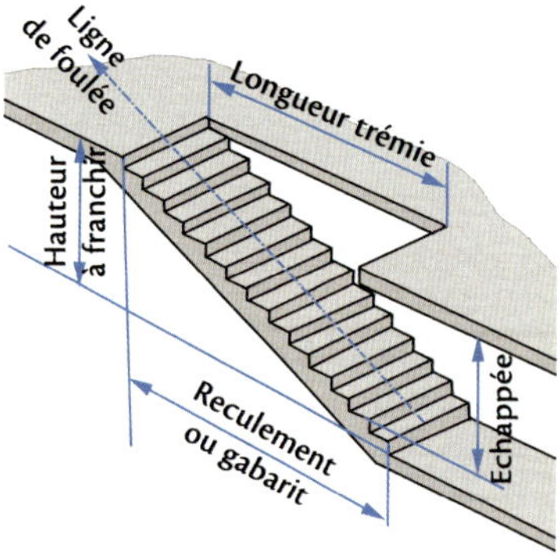

Nombre de contremarches :

252/h = Nombre de contremarches.

252/18 = 14.

Reculement de l'escalier ou encombrement de l'escalier :

g x Nb de girons (sans le palier d'arrivée).

$25 \times 13 = 325$ cm.

Important : vérifier la hauteur de l'échappée s'il y a lieu.

FICHE N° 35 : comment calculer un escalier à quartier tournant ?

Escalier à quartier tournant

Exemple :

Hauteur d'étage = 225 cm

Hauteur de marche = 18 cm

Giron = 25 cm

Largeur de la cage d'escalier = 100 cm

Nombre de marches balancées = 11 u

Nombre de marches non balancées = 3 u

Traçage de la herse

1) Tracer avec soin deux droites perpendiculaires.
2) Sur l'horizontale reporter la longueur [DE] (ligne de jour).
3) Sur la verticale [AB] (ligne de foulée) reporter et tracer les girons jusqu'au changement de direction B.
4) Tracer des lignes depuis le point E vers les divisions (repères des girons) sur [AB].
5) Tracer un arc de rayon [DE] point d'origine D jusqu'à la ligne [EB].
6) Tracer une ligne depuis A passant par l'intersection de l'arc [EB].
7) On obtient les distances b, c, d, e, f, g, que l'on doit reporter sur le dessin de l'escalier entre D et E.
8) Le tracé de la deuxième herse se fera par la même méthode.

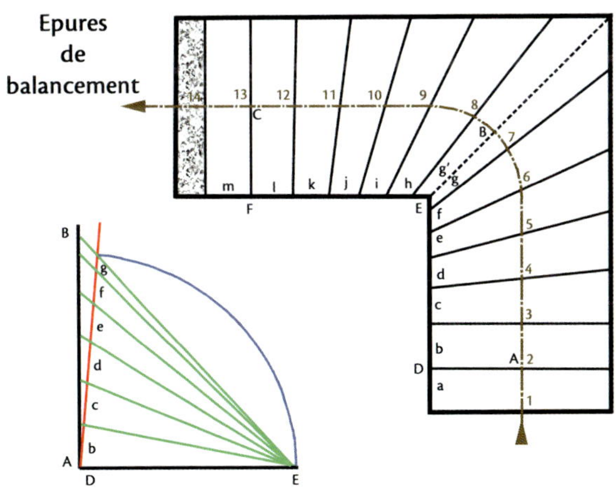

Activité 30 Les conduits de cheminée maçonnés

En rénovation comme en construction nouvelle, la mise en place d'un appareil de chauffage au bois nécessite la construction d'un conduit de cheminée maçonné.
Le choix des matériaux pour ce conduit est important car il faut limiter leur échauffement et leur fissuration, éviter les brûlures à leur contact et éliminer le risque d'incendie.
Les conduits de fumée réalisés en boisseaux (terre cuite, ciment allégé, etc.) doivent être installés selon les règles édictées par la **norme NF DTU 24.1**.
L'évolution des modes de chauffage consécutive à la mise en œuvre des recommandations liées au développement durable accentue le recours aux conduits de fumées en boisseaux :

- obligation d'avoir recours à, au moins, une source d'énergie renouvelable comme le chauffage au bois ;
- exigence d'étanchéité à l'air, en particulier en traversée de plancher ;
- obligation pour tous les appareils de chauffage au bois de répondre aux exigences de la RT 2012.

Boisseau pouzzolane

Boisseau isolé en terre cuite

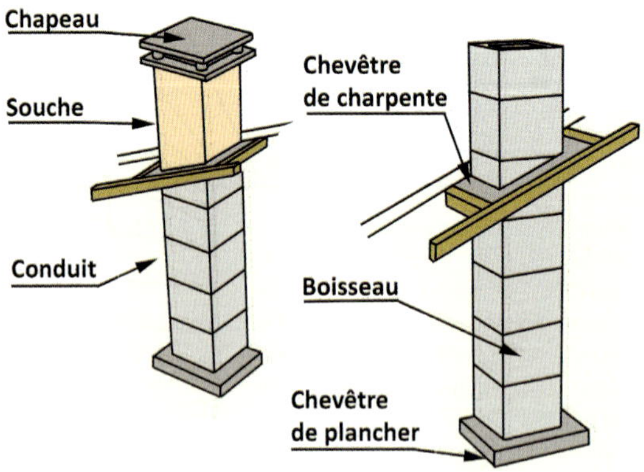

MODE OPÉRATOIRE

Réaliser un conduit de cheminée maçonné

- **Repérer** le passage du conduit : le conduit doit passer sans obstacle au travers des planchers et de la charpente en respectant les distances de sécurité.
- **Tracer** l'emplacement du premier boisseau au sol.
- **Poser** des cales en bois pour supporter la charge des éléments.
- **Étaler** une couche de mortier bâtard.

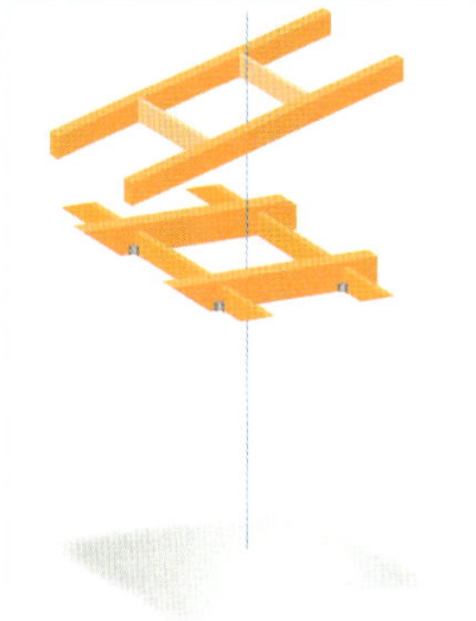

- **Poser** le premier boisseau comprenant une porte de ramonage en respectant le sens de pose.

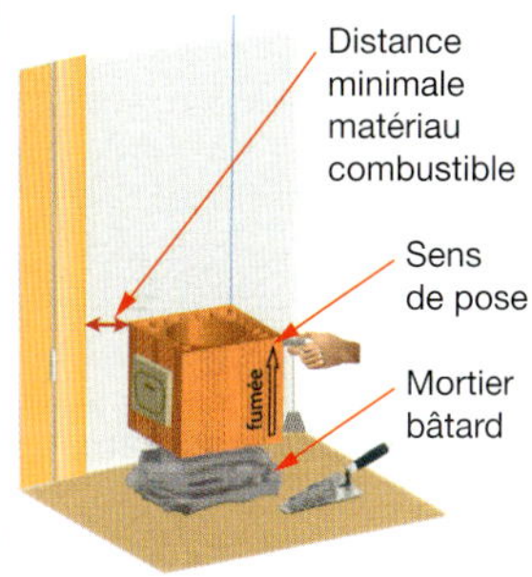

> **Attention** de respecter le sens de montage : la partie mâle du boisseau doit être en bas.

- **Humidifier** les gorges ou feuillures à l'aide d'une éponge ou d'un pinceau.
- **Poser** les boisseaux supérieurs avec une épaisseur de joint comprise entre 5 et 8 mm conformément au NF DTU 24.1 (art. 8.1.2.3).
- **Lisser** les joints à l'intérieur et à l'extérieur du conduit au fur et à mesure de l'élévation.
- **Mettre en place** la plateforme de travail en hauteur.

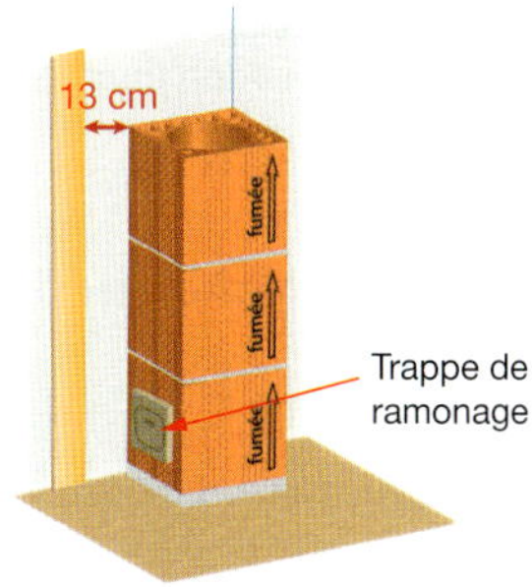

- **Poser** éventuellement le(s) boisseau(x) de prise de fumée.

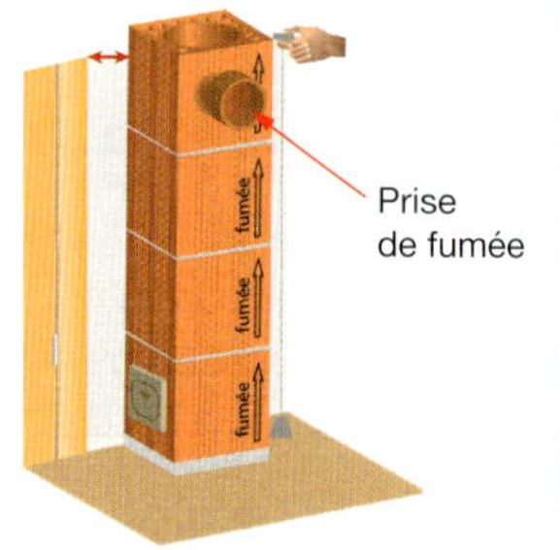

- **Respecter** les règles de distance de sécurité pour la traversée des planchers.

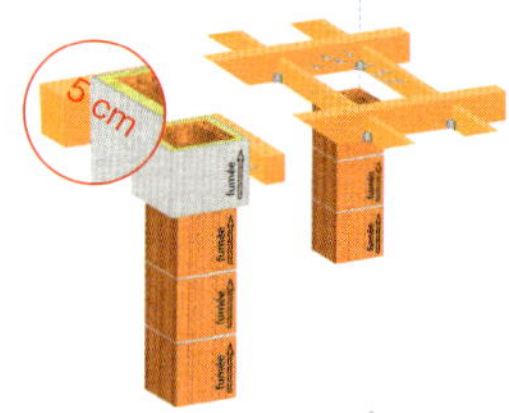

> **Attention !** Veiller à ne pas placer un joint au niveau de la traversée de plancher.

- **Coffrer et réaliser** la paillasse en béton dans le chevêtre.

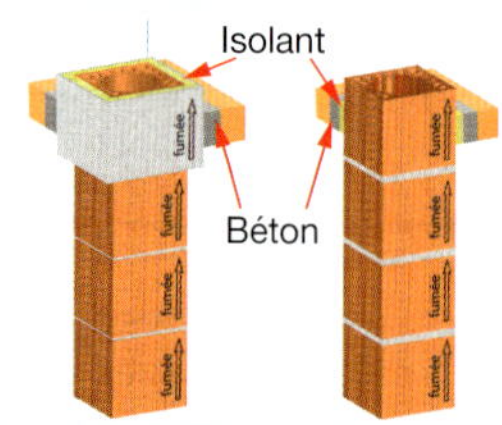

- **Poser** des boisseaux isolés dans les combles.

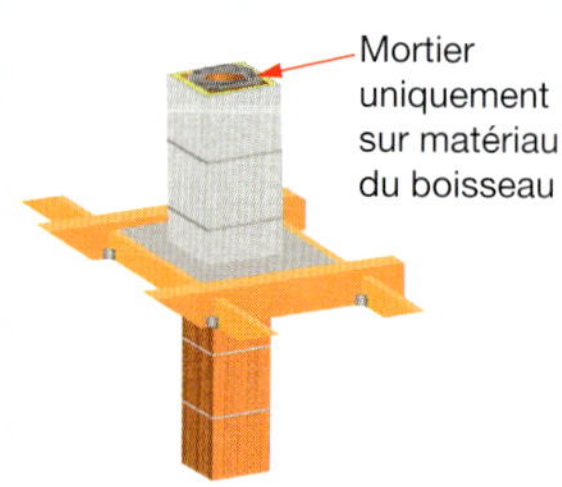

> Les boisseaux isolés dans les volumes non chauffés permettent un meilleur tirage et évitent la condensation donc la formation de bistre.

- **Réaliser** le chevêtre de charpente.

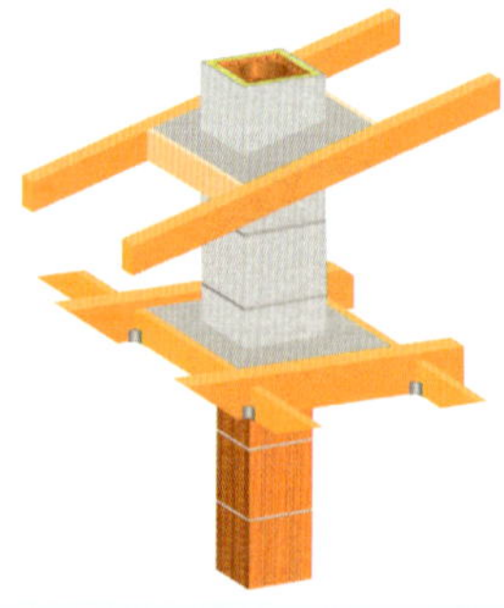

> Le travail en toiture impose l'utilisation d'un harnais solidement relié à un point d'ancrage.

- **Poser** la souche.
- **Installer** le chapeau.

> Le débouché du conduit doit dépasser de 40 cm minimum le faîtage ou toute autre construction distante de moins de 8 m (art. 5.4.7. NF DTU 24.1 P1).

- **Enlever** les coins en bois sous le premier boisseau.
- **Nettoyer** et **ranger** le matériel.

Matériel

- Auge, seau
- Truelle, taloche
- Fil à plomb, cordeau, traceur
- Coins en bois
- Massette caoutchouc, niveau
- Éponge, pinceau
- Échafaudage

Consommable

- Eau
- Mortier bâtard

EPI

- Vêtement de travail
- Casque de protection
- Lunettes anti-projections
- Gants
- Chaussures de sécurité
- Casque anti-bruit
- Harnais de sécurité

Les éléments intérieurs de maçonnerie

Les éléments intérieurs de maçonnerie sont représentatifs des techniques et matériaux mis en œuvre par les maçons.

Ils peuvent être ainsi résumés :

› Éléments de maçonnerie réalisés par coulage de béton dans des coffrages

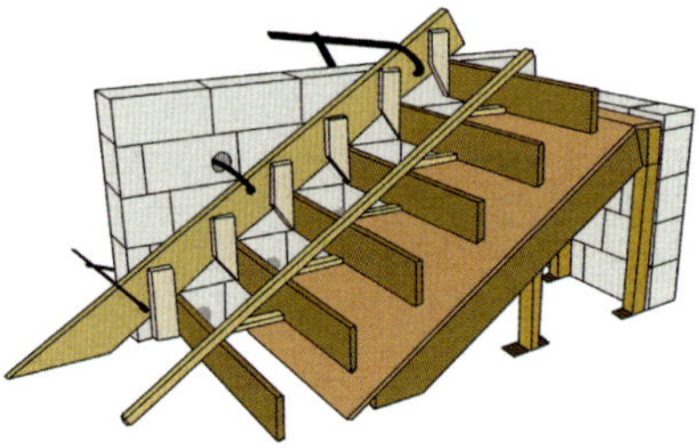

› Éléments de maçonnerie préfabriqués

© Progress

› Éléments de maçonnerie réalisés par assemblage

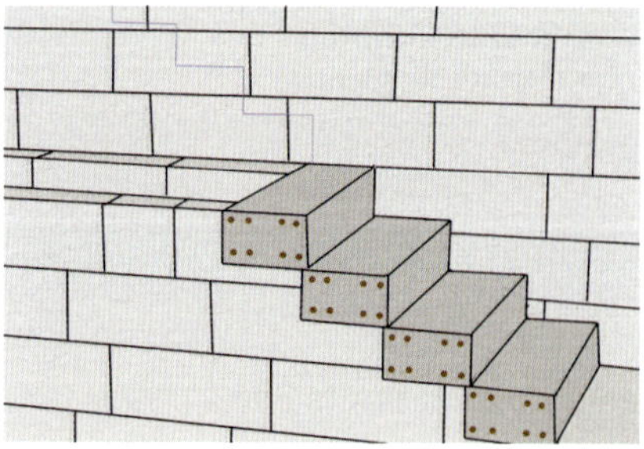

A

Accélérateur de prise
Produit ajouté au ciment et qui réduit son temps de prise.

Acrotère
Muret situé en bordure de toitures terrasses pour permettre le relevé d'étanchéité.

Affouillement
Phénomène d'érosion causé par le mouvement de l'eau courante.

Appui fenêtre
Pièce maçonnée préfabriquée ou coulée en place destinée à supporter la traverse basse du dormant de la fenêtre tout en évacuant l'eau de la baie à l'extérieur sans ruisseler sur la façade.

Arase
Face supérieure d'un mur mise correctement de niveau.

B

Balèvre
Légère saillie qu'une pierre mal dressée présente près de son joint d'assemblage dans une construction.

Banche (panneau)
Élément de coffrage modulaire ou monolithique, métallique ou en bois, utilisé pour la réalisation des voiles en béton armé.

Boucharde
Marteau à une ou deux têtes interchangeables en acier, composées chacune d'un damier de pointes pyramidales dites en « pointe-de-diamant ». Également rouleau en bronze qui sera utilisé pour la finition des chapes. Ce rouleau est garni de dents de forme pyramidale ou d'autres motifs.

Boue de forage (bentonitique ou thixotropique)
Mélange visqueux, qui est rigide au repos et devient liquide après agitation (thixotropique), obtenu par dispersion de bentonite dans l'eau (20 à 50 kg/m^3 d'eau), servant à stabiliser et à colmater les sols lors de la réalisation de pieux forés ou de parois moulées.

C

Calepinage
Conception d'un découpage d'un ouvrage en éléments simples et répétitifs. Répartition journalière d'éléments de coffrage par exemple les banches.

Capillarité
Phénomène de remontée des liquides.

CARSAT
Sigle : Caisse d'Assurance Retraite et de la Santé au Travail.

Chaise d'implantation
Élément en bois servant à l'implantation des ouvrages, constitué de montants fichés dans le sol et d'une traverse.

Ciment prompt
Ciment naturel, obtenu avec une température de cuisson modérée (1 000 à 1 200 °C), caractérisé par une prise rapide (quelques minutes) à demi-lente (30 min maximum).

Compas ou banche à compas
Ensemble de deux banches couplées par un système de compas qui les maintient dans un écartement variable tout en assurant leur stabilité. L'une des deux banches peut se déplacer sur un galet escamotable.

Cône d'Abrams
Moule tronconique de dimensions normalisées utilisé pour l'essai de contrôle de la plasticité du béton frais.

Contreventer – Contreventement
Ensemble de dispositions permettant à une structure de résister aux efforts horizontaux, de s'opposer aux déformations latérales provoquées par ces efforts ; par exemple triangulation, utilisation d'encastrements, liaison avec un remplissage rigide (maçonnerie, voile béton armé). Conception ou mise en place de ces dispositions.

Cunette
Zone d'écoulement au fond d'un collecteur.

D

Décompression du sol
Décohésion en surface d'un sol. Exemple lors de travaux de terrassement.

Distancier
Petite cale servant à maintenir les armatures à une distance donnée des coffrages, notamment pour respecter l'enrobage de ces armatures, ou pour garantir l'écartement de deux lits, par exemple positionnement des chapeaux dans une dalle. Il est constitué d'une pièce plastique, en mortier, ou en acier, et présente des formes variées selon l'utilisateur.

DTU
Sigle : Document Technique Unifié.
Synthèse des règles de l'art concernant les ouvrages.

Durcisseur
Adjuvant ou composant d'un matériau déclenchant ou accélérant son durcissement.

E

Enrobage
Présence de béton autour d'une armature. Distance entre une armature et le nu de la pièce. Épaisseur minimale de béton protégeant l'armature.

Étrier
Armature transversale à deux brins rapprochés dans un ferraillage, équivalant à une épingle.

F

Fer à bordure
Outil qui permet d'arrondir les angles saillants des bétons et des coffrages.

Fil à plomb d'axe
Instrument de contrôle de la verticalité (fil lesté) de forme conique. Le sommet du cône désigne un point au sol.

Fil d'eau
Génératrice inférieure à l'intérieur d'une canalisation ou à la surface d'un caniveau permettant l'écoulement.

Filière
Étaiement par poutrelles en bois ou métal.

Fines
Terme général désignant une poudre, un matériau granulaire fin, quelle qu'en soit l'utilisation.

Fond de forme
Surface réglée du sol naturel après terrassement.

Fourreau
Tube cylindrique de protection.

G

Géotextile
Nappe perméable en fibres (tissées ou non) disposée dans un sol et pouvant assurer les fonctions de séparation de couches, drainage, filtration, renforcement ou anti-fissuration.

Granularité
Dimension des éléments d'un granulat : ensemble de grains d'origine minérale de dimensions inférieures à 80 mm.

H

Hélicoptère
Machine à moteur thermique munie de pales rotatives, utilisée pour le lissage d'une dalle en béton.

Hérisson
Forme sur terre-plein constituée de moellons, de grosses pierres, constituant une couche drainante et résistante sous un dallage.

Homogène
Qualifie un matériau dont les caractéristiques (physiques ou chimiques) sont identiques en tout point.

Hourdis
Éléments de remplissage des planchers entre poutrelles ou des murs en pans de bois, par des

éléments maçonnés (briques, blocs manufacturés). Il constitue un coffrage perdu de la dalle de compression et peut contribuer à l'isolation thermique. Parfois synonyme d'entrevous.

Hydratation
Réaction chimique d'un liant hydraulique au contact de l'eau provoquant sa prise puis son durcissement.

Hydrofuge
Qualifie ou désigne un produit limitant l'absorption capillaire des matériaux poreux (béton, pierre, briques, etc.) sans altérer leurs qualités mécaniques.

I

Inerte
Qualifie un matériau qui ne réagit pas chimiquement avec le milieu dans lequel il se trouve.

J

Jambage
Partie latérale d'une baie formant poteau ou chaînage vertical et formant appui pour le linteau.

Joint de dilatation
Joint permettant les déplacements dus aux déformations thermiques sous des écarts de température.

Joint de fractionnement
Joint de retrait réalisé pour limiter les dimensions d'une dalle.

L

Lisse
Pièce horizontale d'un garde-corps, d'une barrière de sécurité.

Longrines
Poutres en béton armé reposant sur des fondations ponctuelles (plots, puits ou pieux) et supportant un voile de remplissage ou un mur en maçonnerie.

M

Mannequin
Outil qui permet de réaliser la réservation des baies dans le coffrage des murs banchés.

Microfissuration
Fissure de moins de 0,3 mm d'ouverture.

N

Norme
Document précisant des spécifications sur un matériau, un produit ou un procédé, établi par un groupe d'experts puis homologué par un organisme de normalisation (AFNOR pour la France). Son respect est rendu obligatoire.

P

Palonnier
Dispositif de manutention de poutres ou de prédalles permettant de ne transmettre que les efforts verticaux et éventuellement de répartir la tension des élingues à partir de 4 points d'accrochage.

Paroi berlinoise
Ouvrage de soutènement et de blindage de fouille réalisé avec des raidisseurs métalliques verticaux butonnés ou maintenu par des tirants et des éléments horizontaux en bois ou en métal mis en place au fur et à mesure du terrassement. Ces derniers peuvent être aussi des voiles en béton armé préfabriqué ou projeté, la paroi ayant alors une fonction définitive de fondation (fondation profonde).

Paroi moulée
Dispositif de soutènement, de blindage et de fondation profonde réalisé en béton armé coulé dans le sol, avec maintien des terres par une boue thixotropique (fondation profonde).

Planelle
Brique ou bloc de béton de faible épaisseur.

Platine
Appareil permettant la mise à niveau et l'alignement d'un lit de mortier.

Poinçonnement
Enfoncement d'une surface, tassement d'un sol, déformation d'un élément de structure sous l'effet d'une charge localisée.

Point dur du sol
Dans un sol d'assise, zone localisée plus résistante que les autres.

R

Recepage ou receper
Dégagement des armatures d'attente d'un pieu en béton armé, opération nécessaire dans ce cas pour éliminer le béton pollué de la tête de pieu.

Refend (mur de)
Mur séparatif et porteur à l'intérieur d'un bâtiment.

Regard
Ouvrage enterré en béton, constitué d'un bac fermé par un tampon, permettant l'accès à une canalisation enterrée.

Rejingot
Surélévation du côté intérieur d'un appui de baie, destinée à recevoir la fenêtre.

Rejointement
Finition ou regarnissage des joints d'une maçonnerie apparente.

Renformis
Augmentation de la section d'une pièce en béton armé, jouant le rôle d'un remplissage.

Résines d'accrochage
Composés chimiques naturels (sécrétés par les résineux) ou synthétiques qui sont souvent utilisés comme liants.

Ressuage
Remontée d'eau, de liant ou de laitance excédentaire à la surface d'un matériau compacté ou vibré (enrobé, béton…).

RT 2012
Réglementation thermique française.

T

Tarière
Outil de forage et/ou de prélèvement d'échantillons de sols en forme de lame hélicoïdale.

Terrains diffus
Terrains à construire isolés généralement vendus par des particuliers.

Tirant
Élément de structure soumis à un effort de traction.

Trémies
Vide dans un plancher en construction.

IMPRIM'VERT®

Achevé d'imprimer en avril 2016 par SEPEC - 10093160194
Éditions Delagrave – N° d'édition : 2016_0662 – Dépôt légal : avril 2016